本书系多个项目研究综合成果：
◎ 教育部人文社会科学青年基金项目："农业天气风险管理的金融创新路径研究——基于湖北省78个县市的实证分析"（项目编号：16YJC630002）
◎ 湖北省技术创新专项（软科学研究）项目："湖北省农业科技发展的金融支持：成效、问题与对策"（项目编号：2018ADC092）
◎ 湖北工程学院教学研究项目："金融衍生工具课程实践教学研究"（项目编号：2017017）

农业天气风险管理的金融创新路径研究

曾小艳 著

Research on Financial Innovation Path of Agricultural Weather Risk Management

图书在版编目(CIP)数据

农业天气风险管理的金融创新路径研究/曾小艳著 .—武汉：武汉大学出版社,2019.6
ISBN 978-7-307-20868-1

Ⅰ.农…　Ⅱ.曾…　Ⅲ.农业气象—风险管理—研究　Ⅳ.S16

中国版本图书馆 CIP 数据核字(2019)第 076082 号

责任编辑:林　莉　沈继侠　　　责任校对:李孟潇　　　整体设计:马　佳

出版发行：**武汉大学出版社**　(430072　武昌　珞珈山)
(电子邮箱：cbs22@ whu.edu.cn　网址：www.wdp. com.cn)
印刷:北京虎彩文化传播有限公司
开本:720×1000　1/16　印张:9.5　字数:171 千字　插页:1
版次:2019 年 6 月第 1 版　　2019 年 6 月第 1 次印刷
ISBN 978-7-307-20868-1　　定价:39.00 元

前　言

全球气候变暖、温室气体减排以及如何适应气候变化是当前的热点问题。气候变化以及越来越频繁的极端天气事件会引起农业生态环境、生产布局与结构的变化，对农业生产以及所需资源长期稳定的获得和利用有着严重的威胁，并对社会经济发展有着严重的影响。农业对于人类生存发展至关重要，而它又对气候条件高度敏感，中国大多数人口的生存严重倚赖农业。目前人类也面临着生态和经济方面的挑战，天气气候变化风险使得这一问题更为严峻。

有效的天气风险管理能减少农业因天气风险遭受的损失，提升农业的风险管理水平和生产效率，减弱或消除农业所面临的天气风险，使农业在未来能获得稳定的收益，减少不确定性。虽然天气风险管理在农业中的应用非常广泛，但我国管理和转移农业天气风险的路径和措施存在着种种不足，不能够满足对于农业天气风险管理的迫切需求。天气风险管理的方法包括风险自留、风险控制、风险转移等，本书将在对上述各种方法进行分析的基础上，指出金融创新产品这种风险转移的路径能有效管理农业天气风险，天气指数保险和天气衍生品作为农业天气风险管理的主要创新工具，能实现上述功能，是转移农业天气风险的有力工具。结合天气指数保险及天气衍生品在国际上先进、成熟的实践经验，本书针对我国的发展状况提出相应的发展对策，并分别基于面板数据模型和 ARMA 的时间序列模型开发设计出符合我国实际情况的天气指数保险合同和天气衍生品合约。

本书研究的主要内容和研究结论如下：

第一，天气风险是农业生产面临的主要风险。本书通过对农业面临天气风险的分析，发现农业对于天气的敏感性很高，天气风险对农业造成的损失严重，尤其是干旱、洪涝、风雹和低温冻害等对我国农业造成的影响最大。使用 1990—2009 年湖北省 78 个县市与粮食相关的生产数据和气候数据，运用经济-气候模型（简称 C-D-C 模型）分析包括气候因子在内的各个因素对湖北省粮食产量的影响，研究结果表明，平均气温、降水和日照变化均存在对湖北省粮食产量影响的最大值，影响呈“倒 U 形”结构，说明粮食生长需要稳定的气温、降水和日照，气温过高、降水过少、日照强度大会引起干旱；而气温过低会产生冻害，降水过多则可能导致洪涝灾害的发生，这些都会对粮食生产产生负面的影响。在上述分析的基础上指出我国面临着比较严重的天气风险，天气风险对农业的影响也越来越大，对农业天气风险管理的需求也越来越强烈，但我国的天气风险管理体系与天气风险管理的有效路径都很缺失。

第二，天气指数保险与天气衍生品是转移农业天气风险的重要工具。本书在对风险管理可行方法进行论述、分析传统农业保险存在的问题以及天气指数保险和传统农业保险对比分析的基础上，指出天气指数保险具有道德风险少、避免逆向选择、管理成本低、容易与其他金融产品绑定等优势，其是对农业保险的创新，能有效转移农业天气风险；在对天气衍生品和其标的指数进行介绍的基础上，说明了农业生产者等主体能运用天气衍生品来实现天气风险管理。天气指数保险与天气衍生品本质上都是金融衍生产品，二者互为补充、互相促进，各有优势，均是转移天气风险的重要金融创新工具。

第三，我国天气指数保险已处于实践阶段，天气衍生品市场处于探索阶段。本书总结了我国的天气指数保险发展现状：我国部分地区，包括上海、安徽、江西、浙江、陕西等，已开始了相关研发与试点。特别总结了上海西瓜梅雨指数保险合同的主要内容和试点情况；江西蜜橘冻害指数保险的开展情况；指出在世界粮食计划署、世界银行等机构的支持下，安徽水稻种植天气指数保险的开展和安徽小麦天气指数保险的首例赔付。在此基础上对上海西瓜梅雨指数保险、江西蜜橘冻害指数保险和安徽水稻与小麦天气指数保险的实践效果进行了分析。我国的天气风险市场还没有建立起来，但我国已有一定的基础，具备了开发天气衍生品的基本条件。

第四，国外农业天气风险管理金融创新产品实践及经验启示。本书分析总结出国外已经广泛运用天气指数保险和天气衍生品来转移天气风险：发达国家较早就对天气指数保险进行了设计，在世界银行、世界粮食计划署等机构的支持下，发展中国家也陆续开展了天气指数保险产品的研发和试点工作；国外的天气衍生品市场起步也比较早、发展成熟。结合国外经验，针对天气指数保险方面，提出我国需要加强气象技术的发展、发展银保模式等；天气衍生品开发方面，可以首先推出哈尔滨、北京、上海、广州、武汉和大连6个城市的气温指数，率先设计气温指数天气衍生品合约、首先发展场内交易等。

第五，湖北省稻谷生长期降雨量指数保险合同设计。本书在阐述天气指数的选取标准、天气指数保险中主要的天气变量、天气指数保险赔付触发原理，以及天气指数农业保险基差风险问题的基础上，按照天气指数保险合同的定义设计了稻谷干旱指数保险合同与稻谷暴雨灾害指数保险合同，选定的期间为稻谷生长期（湖北地区为 3 月到 10 月），天气指标为累积降雨量。具体选取了孝感、随州、十堰、襄阳市及其辖内各个县市的面板数据设计了干旱指数保险合同；选取江汉平原区域和咸宁市及辖内的面板数据设计了暴雨灾害指数保险合同。模型结果显示，对于十堰、襄阳等干旱区域，累积降水量对稻谷单产有着正的、显著的边际影响，而对于江汉平原地区、咸宁市及其辖内县市这些暴雨集中区域，累积降水量在 10%的水平下统计结果显著，对稻谷单产有着显著的负向作用。

第六，武汉市气温看涨期权合约开发。本书在阐述天气衍生品相关金融产品，特别地，在对看涨期权、看跌期权、套保期权、互换、撞入和撞出期权进行示例分析的基础上，选取武汉市 1990 年 1 月 1 日至 2009 年 12 月 31 日的每日气温数据，引入了 ARMA 的时间序列模型进行估计，发现基本上不再有序列相关性，各个系数非常显著，模型估计结果的验证也显示预测值与实际值拟合效果非常好。进一步地，在介绍气温期权定价模型的基础上，选取气温期权标的指数为 GDDs，对 ARMA 模型的精确度进行了检验，发现偏差率与方差率的值都很小，协方差率的值则很大，这能够说明模型具有很好的拟合效果。总体上，本书基于 ARMA 的时间序列模型分析了武汉市气温动态变化的过程，实证结果证实该模型有较好的拟合优度，能以此为基础对气温期权产品进行合理定价。

本书研究的主要创新之处在于：

首先，基于风险管理视角的农业天气风险金融创新路径研究。本书从风险管理视角对农业天气风险管理的金融创新路径进行了研究，将金融创新产品这一转移天气风险的机制延伸并运用到农业天气风险管理中，为规避与转移农业天气风险提供了一条新的路径，完善了我国农业天气风险管理体系。

其次，基于气象数据与生产数据农业天气风险管理必要性分析。本书运用湖北省 20 年 78 个县市的气象数据与相关生产数据，综合考虑了气候因素与社会经济因素，实证分析了天气风险对粮食生产的影响，解释了天气气候因素与农业生产之间的关系，说明了农业天气风险管理的迫切需求，也为地方政府相应决策提供了科学依据。

最后，基于面板数据与 FGLS 估计的湖北省稻谷生长期降雨量指数保险合同设计；基于 ARMA 时间序列模型的武汉市气温看涨期权合约开发。本书采用 1990—2009 年湖北省 78 个县市的面板数据，基于累积降雨量，分别设计了湖北省稻谷干旱指数保险合同和稻谷暴雨灾害指数保险合同；利用 1990—

2009年武汉市共20年的每日气温数据（共7300项），基于ARMA的时间序列模型开发了武汉市气温看涨期权合约。这有别于国内目前大多是理论方面探讨的研究，本书的实证研究，对该领域的研究进行了完善和补充。

本书的研究成果对于完善我国农业天气风险管理体系、为农业天气风险管理提供有效路径以满足我国农业天气风险管理需求，以及丰富我国金融市场产品、推进金融工程创新、完善我国金融市场的结构和功能具有一定的理论和现实意义。

目　　录

第一章　绪　　论

第一节　研究背景与研究意义

一、研究背景

在全球变暖的情形下，极端天气事件的发生可能会更加频繁，如极端高温、强降水的发生频率会不断增加（吴红军，2010）。全球气候变化引发的极端灾害使我国农业生产的不稳定性增加。虽然我国的气象科技不断发展，短期天气预报的准确率较高，但中长期天气预报的准确率还相对较低，即使预报准确，采取了提前预防措施，天气风险还是会给国民经济造成不可避免的损失。我国是农业大国，农业在国民经济中居于基础性地位，天气变化在不同地区间差异较大，气象灾害给我国经济造成了严重损失，这些损失主要集中在对天气气候变化高敏感、高脆弱的农业部门。农业生产对具有不确定性的气候条件等客观因素的依赖较深，天气风险成为了阻碍我国农业生产能力和农民收入水平提高的一个瓶颈问题。所以，我国农业对天气风险管理的需求越来越强烈。

天气风险管理是针对天气风险的一种创新资本管理方法，国外很多国家和地区的经验均表明天气风险管理在农业上的应用非常广泛，但我国现有管理和转移农业天气风险的机制和措施存在着种种不足，国内对天气风险的认识以及进行有效天气风险管理的研究还处于起步阶段，缺少相应的天气风险管理体系及天气风险管理路径，这使得我国大部分农业天气风险不能得到有效管理，有效管理和转移农业天气风险亟待金融创新。

在管理和转移天气风险方面，天气指数保险和天气衍生品为农业天气风险管理提供了一种新的机制。天气指数保险和天气衍生品作为农业天气风险管理的主要创新工具，在很多国家和地区已经发展成熟，成为管理和转移天气风险的有效路径。我国的天气指数保险处于起步阶段，天气衍生品市场尚处于探索阶段，切实需要根据我国的具体情况开发设计出天气指数保险合同与天气衍生产品合约，并运用于农业天气风险管理。

二、研究意义

（1）理论意义

我国农业对天气风险很敏感，具有一定的脆弱性，天气风险会给农业生产带来巨大损失，有效的天气风险管理能减少农业因天气风险带来的损失，提升农业的风险管理水平和生产效率。本书从风险管理视角对农业天气风险管理的金融创新路径进行了研究，有助于完善我国农业天气风险管理体系；将金融创新产品运用于农业天气风险管理，有助于完善农业天气风险管理理论。

（2）借鉴意义

天气风险管理方法包括风险自留、风险控制、风险转移等方法，本书在对上述各种方法进行分析的基础上，指出金融创新产品这种风险转移路径能有效管理农业天气风险，并结合天气指数保险及天气衍生品在国际上先进、成熟的实践经验，针对我国的发展现状提出相应的发展对策，为开发出符合我国实际的金融创新产品以满足我国农业天气风险管理需求提供一定的借鉴。

（3）实践意义

有效的天气风险管理将减弱或消除农业所面临的天气风险，使农业未来获得稳定的收益，减少不确定性，也减少了农业因天气风险引发其他风险的可能性。本书在前述理论和实践分析的基础上，尝试开发出了湖北省稻谷降雨量指数保险和武汉市气温衍生品合约，在此方面作了一定的探索，对该领域的实证研究方面起到了一定的补充完善作用，进一步使天气指数保险和天气衍生品成为转移农业天气风险的有力工具。

天气指数保险和天气衍生品的发展不仅为农业天气风险管理提供了有效路径，也丰富了金融市场产品，极大推进了我国金融工程创新，完善了我国金融市场的结构和功能，天气指数产品的应用也能够提高人们的风险管理意识，主动采取措施来规避天气风险。

第二节　基本概念的界定

一、天气风险管理

风险管理是在对风险进行识别、评估的基础上，采取一定的措施，对风险进行控制和处理的过程（祝燕德等，2006）。相应地，天气风险管理指在预测要发生潜在天气风险的基础上，评价分析将发生的天气风险，采取一定的措施减少天气风险带来的损失、降低因天气风险带来的生产经营的非正常波动（祝燕德等，2006）。

二、天气指数保险

指数保险包括天气指数保险和区域产量指数保险（张惠茹，2008），天气指数保险是在指数保险概念的基础上提出来的。整理天气指数保险相关文献后发现：天气指数保险主要应用于农业方面（于宁宁和陈盛伟，2009），所以本书中的“天气指数保险”或“天气保险”主要是指“天气指数农业保险”。

传统农业保险产品理赔时测定的是农业产量或收入，天气指数保险与之不同的是，其采用的是独立于保护之外的变量，为一些客观的天气事件、气温、降水等天气指数，这些变量和标的与农业损失水平高度相关（刘布春和梅旭荣，2010）。天气指数保险是相对传统农业保险的一种农业保险产品，二者的本质区别在于：传统农业保险的理赔依据是测定被保护农田的产量或者收入，而天气指数保险采用的理赔依据是一个保护外在的、独立的变量，如一些客观的天气事件、气温、降水等，同时要求这些变量与损失水平具有高度相关性。

天气指数保险产品属于指数保险的一种，通常这种农业保险产品的理赔依据是以气象部门提供的与作物产量或收入有着密切关系的天气事件，包括客观的气温、降水、日照、风速等气象因素的阈值。由此可以看出，天气指数保险不是以天气风险带来的实际损失情况作为设计保单的基础，其依据的是天气事件与经济损失风险间的估值（陈盛伟，2010）。

三、天气衍生品

天气衍生品的交易对象是天气指数，具体地，是指对冲某个特定地区发生的实际天气风险和合约中商定天气风险的偏差，进而对天气风险进行规避和转移。天气衍生品合约的主要内容是由买卖双方针对天气风险转移所制定的约定，具体包括标的指数、指数参考地点、合约期间、交易日、指数执行水平、赔付率、最高赔付额、权利金和交易的币种，等等。天气衍生品主要用于规避因天气变化产生的风险。天气衍生品与一般金融衍生品的主要不同之处在于标的物的不同：一般金融衍生品的标的物为某种具有价格的资产，天气衍生品的标的物则是某种天气指数，例如气温指数期权标的物本质上是不能用于交易的、没有价格的气温指数，气温指数期权合约中的执行价格实质上是按照一定方法计算出来的气温指数，执行价格本质上也是执行气温指数。

第三节 研究目标与内容

一、研究目标

本书针对农业天气风险管理的金融创新路径问题，采用定性分析和定量研究相结合的方法，从风险管理视角对农业天气风险管理的金融创新路径进行了研究，研究目标主要有：

第一，通过对农业天气敏感性、气象条件与农业生产的关系、农业生产中的天气风险，以及天气风险对农作物产量影响的实证分析，了解天气风险与农业生产间的关系，明确农业生产者、农业相关产业、农业保险公司和再保险公司等主体对于农业天气风险管理的迫切需求。

第二，通过对风险管理和天气风险管理相关文献进行梳理和总结，以及国内外实践，分析农业天气风险管理金融创新可行的路径，探索我国农业天气风险管理体系。

第三，分析总结我国天气指数保险的实践状况，并对相应的实践效果进行评析，以及分析我国天气衍生品市场的探索情况，以了解我国天气风险管理金融创新现状，进而有针对性地提出对策建议。

第四，总结天气指数保险和天气衍生品在国际上先进、成熟的经验，提出相应的发展对策，以将金融创新产品运用于农业天气风险管理，完善农业天气风险管理理论，并为农业天气风险转移提供有力的工具。

第五，在对天气指数保险与传统农业保险的区别、天气指数保险合同设计需要考量问题进行分析的基础上，结合具体的实际情况，以湖北省为例，开发设计出湖北省稻谷降雨量指数保险合同，以对该领域的实证研究进行完善和补充。

第六，在对天气衍生品标的指数、天气衍生金融产品类型进行分析的基础上，结合实际情况，以武汉市为例，对气温看涨期权进行定价研究，开发出气温衍生品合约，实现天气衍生品的农业天气风险管理功能，以满足我国农业天气风险管理的需求。

二、研究内容及其结构

根据研究目标，将本书的研究分为九章分别进行阐述：

第一章，绪论。首先阐述了本书的背景和研究的意义；对基本概念进行了界定；接着指出了研究目标和研究内容；说明了数据来源和相应的处理、研究方法和技术路线；最后指出了本书的创新点和不足之处。

第二章，文献综述。对天气风险对农业生产影响的相关研究、农业天气风险管理金融创新路径的研究现状、天气指数农业保险的研究进展和天气衍生品的相关研究进展进行了综述，从中发现国内研究的不足之处，明确了本书的重点、方法和意义。

第三章，农业天气风险管理的需求分析。分析了农业面临的天气风险，农业对于天气气候影响的敏感性，并具体分析了气象条件与农作物生长的关系、天气气候变化对农作物产量和品质的影响，指出我国面临的主要农业天气风险、天气气候变化对农业生产的其他影响。并使用1990—2009年湖北省78个县市与粮食相关的生产数据和气候数据，运用经济-气候模型（简称C-D-C模型）分析了包括气候因子在内的各个因素对湖北省粮食产量的影响，指出我国的气温、降水等主要天气指数的波动幅度很大，我国面临着比较严重的天气风险，天气风险对农业的影响也越来越大，农业对天气风险管理的需求也越来越强烈。但我国农业天气风险管理体系与天气风险管理的有效路径都很缺失。

第四章，农业天气风险管理可行金融创新路径的分析。首先概述了风险管理的可行方法，在此基础上指出金融工具能有效转移天气风险，天气风险转移主要包括保险转移与非保险转移两种方式，非保险转移以衍生品转移为主，并分别对二者进行了阐述。接着，分析了传统农业保险存在的诸多问题，提出天气指数保险是对农业保险的创新，能有效转移农业天气风险，并对天气指数保险和传统农业保险进行了对比分析，阐述了天气指数保险的优势。进一步地，说明了天气指数保险和天气衍生品的性质，二者互为补充、互相促进，各有优势，均是转移天气风险的重要金融创新工具。本章还阐述了天气衍生品标的指数，以及对农业生产者等主体如何运用天气衍生品来实现天气风险管理功能进行了具体说明。该部分的分析为后文的研究作出了一定的理论铺垫。

第五章，国内农业天气风险管理金融创新产品分析。首先说明了我国国内的天气指数保险现状：我国部分地区，包括上海、安徽、江西、浙江、陕西与龙岩等地区已开始了相关研发与试点；详细介绍了上海西瓜梅雨指数保险合同的主要内容和试点情况，江西蜜橘冻害指数保险的开展情况，以及在世界粮食计划署、世界银行等机构的支持下，安徽水稻种植天气指数保险的具体情况，介绍了安徽小麦天气指数保险的首例赔付。在此基础上对上海西瓜梅雨指数保险、江西蜜橘冻害指数保险和安徽水稻与小麦天气指数保险的实践效果进行了评析。最后指出，虽然我国开发天气指数保险面临着较多问题，但我国也具有一定的开展天气指数保险的有利环境；我国的天气风险市场还没有建立起来，但我国已有一定的基础，具备了开发天气衍生品的基本条件。该部分的分析有助于了解我国天气风险管理金融创新现状，进而有针对性地提出相应的政策建议。

第六章，国外农业天气风险管理金融创新产品的经验与启示。首先分析了国外利用天气指数保险转移天气风险的状况，对发展与推广得比较好的加拿大和印度两个国家分别进行了介绍。指出国外天气衍生品市场起步较早、发展成熟，介绍了天气衍生品的市场结构与成长情况、交易所挂牌交易的合约、交易惯例等情况。在分析国外实践经验的基础上，结合我国的具体情况，分别针对天气指数保险与天气衍生品，提出我国需要提高气象技术的发展能力，并发展银保模式，可以首先推出哈尔滨、北京、上海、广州、武汉和大连6个城市的气温指数，总结出率先设计气温指数天气衍生品合约、首先发展场内交易等经验启示，为后续天气指数保险合同的设计和天气衍生品的开发提供了实证依据。

第七章，湖北省稻谷生长期降雨量指数保险合同的设计，以湖北省为例对天气指数保险在农业天气风险管理中的应用进行实证分析。首先说明了天气指数农业保险的特征，具体阐述了天气指数的选取标准、天气指数保险中主要的天气变量、天气指数保险赔付触发原理，以及天气指数农业保险基差风险问题。分析了湖北省农业天气风险状况，农业生产受天气风险影响很大，稻谷是湖北省最主要的粮食作物，气候变化引起的各种气象灾害是稻谷产量变化的首要原因，不充足、不均衡的降雨引起的干旱、暴雨等都会导致其产量损失。在前述分析的基础上，按照天气指数保险合同的定义设计了稻谷干旱指数保险合同与稻谷暴雨灾害指数保险合同，选定期间为稻谷生长期（湖北地区为3月到10月），天气指标为累积降雨量。与本书第三章的实证模型类似，仍采用经济-气候模型，分析了全省的情况，但由于湖北省地区间的差异较大，采用总体的数据不具有针对性、不能反映具体区域的实际情况。因此，在设计累积降雨量指数保险合同时，针对某个具体的风险区域进行了设计，选取了孝感、随州、十堰、襄樊市及其辖内各个县市的面板数据来设计干旱指数保险合同；选取江汉平原区域和咸宁市及辖内的面板数据设计暴雨灾害指数保险合同。虽然保险合同的设计存在着一些不足之处，但是在天气指数保险合同开发方面作出了一定的尝试和探索，对该领域的实证研究起到了一定的补充和完善作用。

第八章，武汉市气温衍生品合约的开发，以武汉市为例对天气衍生品在农业天气风险管理中的运用与开发进行了实证研究。首先阐述了天气衍生品相关金融产品，包括期货、期权与互换等，特别地，对看涨期权、看跌期权、套保期权、互换、撞入和撞出期权进行了示例分析。在之前相关理论分析的基础上，选取武汉市 1990 年 1 月 1 日至 2009 年 12 月 31 日的每日气温数据，引入了 ARMA（Auto Regression Moving Average）模型进行估计后，基本上不再有序列相关性，各个系数也非常显著，进一步地，对 ARMA 模型估计结果进行验证，显示预测值与实际值拟合效果非常好。接着介绍了气温期权定价模型，选择气温期权标的指数为 GDDs，并对 ARMA 模型的精确度进行了检验，能够说明模型具有很好的拟合效果。最后计算了气温看涨期权的实际价格与预测拟合价格以及相对误差，发现模型预测得到的气温看涨期权的价格较为准确合理。总体上，该章基于 ARMA 的时间序列模型分析了武汉市气温动态变化的过程，实证结果证实该模型有较好的拟合优度，能以此为基础对气温期权产品进行合理定价。

第九章，研究结论、对策建议与研究展望。对全书的研究结论进行了总结，并结合研究结论有针对性地提出了若干完善当前农业天气风险管理体系、推进应对农业天气风险管理金融创新路径、促进天气指数保险和天气衍生品发展的对策建议。

第四节　数据来源、研究方法和技术路线

一、数据来源

本书的所有数据均来自于湖北省气象局和《湖北农村统计年鉴》。近 20 年间（1990—2009），由于湖北省的一些县市进行了合并、分立或者改名，为使前后的统计口径一致，本书根据《湖北农村统计年鉴》，对一些县市的合并分立进行了一些处理，包括：江陵县和荆州市辖区、孝昌县和孝感市辖区、沙洋县和荆门市辖区、团风县和黄冈市辖区均合并为一个区域，汉南区、东西湖区和蔡甸区合并为一个区域，曾都区即为随州市辖区、咸安区即为咸宁市辖区，武汉市辖区指除蔡甸、江夏、黄陂、新洲之外的市辖区等。

搜集 1990 年至 2009 年 20 年的气象数据，数据较多，容易出现数据缺失、无效数据等问题。而数据的准确性很大程度上决定了研究结果的准确性。为了研究方便以及提高数据的准确度，本书参考一定的处理方法（高峰，2011），对气象数据进行了如下处理：

由于各气象站建立时间不一致，或者由于不可控因素导致某气象站在某时

间上某个气象因素没有观测值，使得搜集到的气象数据中，有两类特殊观测值对应着特殊的含义：观测值为“32766”表明该观测站该气象因子的缺测，观测值为“32744”表明该观测站该气象因子无观测。对某月中部分观测值为“32766”或“32744”的气象因子，取该月正常观测值的平均值代替，对某月观测值全部是“32766”或“32744”的气象因子，取同一站点前五年同一月的值代替。气象数据中有27064条记录存在未观测数据或缺测数据的情况，1990年至2009年的总记录数为564678条记录，缺测数据仅占总数据的4.79%，因此以相应的平均值代替缺失值不会影响结果的有效性。此外，夷陵区和襄阳区无观测气象数据，夷陵区采用周围县市远安、当阳、秭归、兴山、枝江、长阳和保康数据的平均值代替；襄阳区采用周围县市枣阳、谷城、老河口、宜城和南漳数据的平均值代替。

其他指标数据的缺失均采用正常观测值的平均值代替（所有年份）。

二、研究方法

（1）资料信息收集与综合分析方法

笔者收集到了湖北省气象数据库、《湖北农村统计年鉴》和相关网站上大量与本书相关的资料与数据信息，为本书研究提供了坚实的数据基础。通过系统收集、学习与分析国内外大量相关文献，为本书提供了较好的理论基础与方法借鉴。笔者系统学习了Stata等统计软件，为本书建模提供了支持与参考。

（2）比较分析法

本书通过对比分析国外与国内发展现状、传统农业保险与天气指数保险、天气指数保险与天气衍生品，借鉴国外成功、成熟的经验来开发符合我国实际情况的创新产品。

（3）统计与计量方法

本书采用了描述性统计方法对气候因素变量、粮食生产的相关变量以及累积降雨量等进行了初步分析；对面板数据模型进行了FGLS估计，分析了包括气候因素在内的各个因素对粮食产量与稻谷单产的影响；采用ARMA时间序列模型分析了气温波动情况。

三、技术路线

本书采取的技术路线图如图1-1所示。

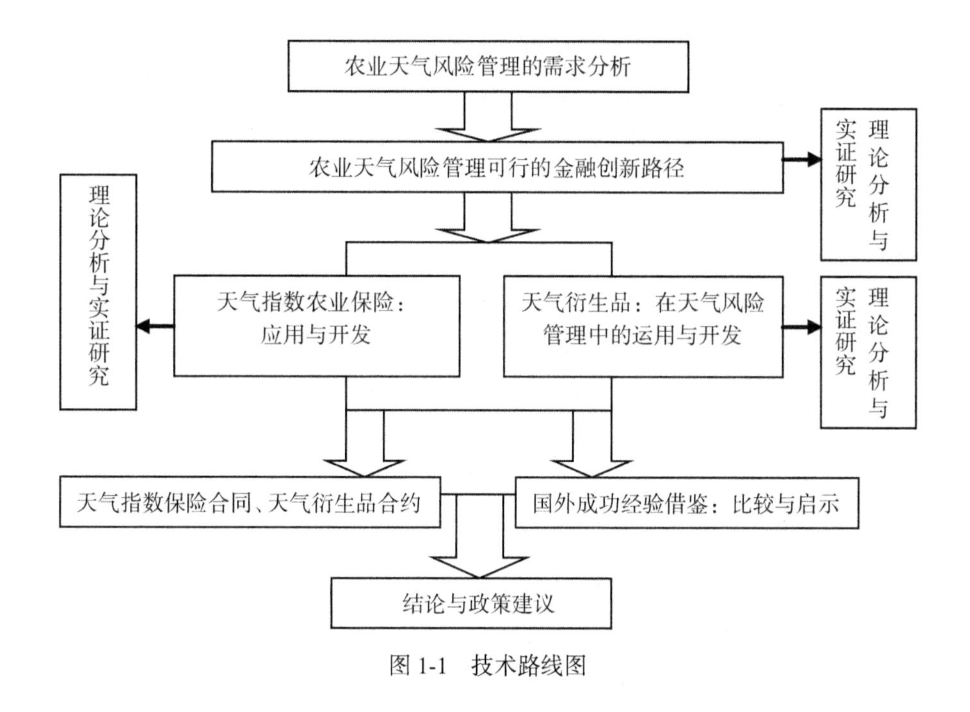

图 1-1　技术路线图

第五节　本书研究的创新点及不足之处

一、本书的研究创新点

（1）基于风险管理视角的农业天气风险金融创新路径研究。本书从风险管理视角对农业天气风险管理金融创新路径进行了研究，将金融创新产品这一转移天气风险的机制延伸并运用到农业天气风险管理中，为规避与转移农业天气风险提供了一条新的路径，完善了我国农业天气风险管理体系，选题与角度上比较新颖。系统论述农业天气风险管理金融创新路径方面的文献比较少见，已有的相关研究大多是单一地讨论保险产品或天气衍生品，未从风险管理角度来综合探讨二者在农业天气风险管理中的运用。

（2）基于气象数据与生产数据农业天气风险管理必要性分析。本书运用湖北省 20 年 78 个县市的气象数据与相关生产数据，综合考虑了气候因素与社会经济因素、实证分析了天气风险对粮食生产的影响，解释了天气气候因素与农业生产之间的关系，说明了农业天气风险管理的迫切需求，也为地方政府相应决策提供了科学依据。已有对粮食产量影响的研究考虑的因素多集中在物质要素、技术进步方面，且相关研究大多是基于整个中国，或者中国多个省份的情况，针对性不强，天气风险对湖北省粮食生产影响方面的研究很少。

（3）基于面板数据与 FGLS 估计的湖北省稻谷生长期降雨量指数保险合同设计；基于 ARMA 时间序列模型的武汉市气温看涨期权合约开发。本书采用了 1990—2009 年湖北省 78 个县市的面板数据，基于累积降雨量，分别设计了湖北省稻谷干旱指数保险合同和稻谷暴雨灾害指数保险合同；利用 1990—2009 年武汉市共 20 年的每日气温数据（共 7300 项），基于 ARMA 的时间序列模型开发了武汉市气温看涨期权合约。国内针对天气指数保险与天气衍生品方面的研究主要集中于政策支持与宏观体系的建立方面，大多是理论方面的探讨，相应的实证研究很少，针对天气指数农业保险合同设计方面与天气衍生品开发方面的实证研究更少。

二、本书的研究不足之处

（1）农业天气风险管理的金融路径不仅仅包括天气指数保险与天气衍生品，还包括其他一些金融产品。为对重点进行集中研究，本书只选取了两种典型的金融创新产品进行研究，不能够完全反映天气风险管理的金融路径，后续研究需要继续深入、全面地探讨。

（2）因资料限制，累积降雨量的分布特点不能获得，所以在设计天气指数保险合同时，起赔点与最大赔付点的设计不够准确，费率也不能准确制定。另外，对干旱指数保险合同和暴雨灾害指数保险合同的设计都只用了简单的方法来进行设计，在实际设计更具体某个区域的合同时，还需要考虑当地的一些具体情况，例如生长期还需要按作物品种以及作物的生长阶段具体划分、将交易费用纳入天气指数保险合同的设计中等。因此，本书的保险合同设计比较粗略。

（3）基于 ARMA 的时间序列模型对天气衍生品进行的开发设计也只是初步的探讨，需要进一步完善，例如模型仅考虑了时间序列趋势，没有考虑大气系统、人类活动等其他因素对气温的影响；气温衍生品的各个参数，包括基线温度、标的指数与执行指数等的确定，都需要考虑各个地区的实际情况，例如 GDD 指数中作物的品种、具体的生长期间，等等。为使模型精确确定，这些问题都需要考虑、完善。

第二章 文献综述

第一节 天气风险对农业生产影响研究

一、天气风险对农业生产的影响

关于天气风险的定义，祝燕德等（2006）将广义的天气风险定义为人类的生产经营活动受天气异常变化（冷、热、飓风、暴雪、刮风、降雨等）情况的影响，使财产、人员安全，或经营中的现金流或利润面临明显减少的风险。根据天气风险造成的损失程度的不同，将天气风险划分为天气灾害风险和一般天气风险两种。天气灾害风险带来的损失巨大，有着突发性的特征，一般天气风险的特征则是发生频率较高，比如高温、降雨等事件经常发生，这样的天气事件每次造成的损失相对较小，相比天气灾害风险而言其给经济造成的影响较轻微。

很多学者都认为自然风险中天气风险是导致农作物产量波动的主要原因，这些研究认为我国农业生产很大程度上受到了天气因素的影响，而且主要是受到了气候因子中气温和降水的影响。周曙东（2013）指出中国是农业大国，与其他国家相比，灾害种类多、几乎具有所有的灾害类型，农业的发展成本相比世界农业的平均成本要高5个百分点，这主要是因为受自然要素的影响（方俊芝和辛兵海，2010），在所有自然灾害中，气象灾害所占比例为80%以上，其中最主要的是农业气象灾害，农业气象灾害指不利气象条件对农业造成的损害。西爱琴等（2006）对山东、上海、浙江、安徽与湖北这5个区域660户农户的调查访问资料结果表明，气候等自然因素是中国农户从事种植生产经营的主要风险来源之一。分析我国农业生产面临主要天气风险因素的研究有：Turvey（2009）通过2007年10月至2008年10月对我国中西部1564户农户的调查表明，气温和降水是影响农业生产的主要原因，两种气象因素的过高或者过低都会造成显著影响。赵建军（2011a）利用多元回归模型研究了气候变化对农业受灾面积的影响，显示我国水、旱灾受灾面积占总受灾面积的 80%左右，旱灾受灾面积大于水灾受灾面积，并且气温的上升导致旱灾面积在逐年扩大。

在全球变暖、气候不断变化的情形下，未来极端天气事件的发生频率会继续增大，形成天气灾害风险。极端天气气候事件对农业生产影响方面的研究包括从宏观层面分析极端天气事件对农业生产影响、主要极端天气事件的影响和极端天气事件影响评估三个方面。刘景荣（2009）从宏观层面上阐述了发生极端天气事件的频率越来越高，各项天气灾害风险的发生也越来越频繁，其破坏程度日趋增大，给国家、人民生命财产和经济造成了巨大损失。刘玮（2013a）指出极端天气气候事件可分为极端干旱、极端降水、极端高温、极端低温等，持续的气候变化使高温、严寒、台风、干旱、强降雨雪等极端天气事件频发，深刻影响了经济发展，特别是对天气变化最敏感也最脆弱的农业及相关产业，受到的影响最大。在对极端天气事件的影响进行评估方面：冯相昭等（2007）对极端天气事件的影响使用生产效应法和社会调查法进行了评估，认为需要增强相关的研究和适应能力以应对风险。刘杰（2011）在 C-D 函数中引入极端干旱、降水、高温和低温 4 个极端气候因子，定量分析了极端气候事件对我国农业经济产出的影响，表明极端气候因子是影响我国农业经济产出变化的格兰杰原因，与我国农业经济产出存在显著的长期均衡关系，并估计出这 4 个气候因子对农业经济产出的影响程度，认为南方地区的敏感性要大于北方。

二、天气风险对农作物产量影响实证模型

通常通过采取增加各种物质要素的投入、提高管理水平等措施降低影响农作物生长的不利因素，黄季焜和 Rozelle（1998）、朱再清和陈方源（2003）以及谢琼和王雅鹏（2009）等的研究认为技术进步、化肥施用量、机械总动力、播种面积、劳动力等是影响粮食产量波动的重要构成要素，但在目前天气风险影响显著的情况下，不能忽视天气风险对农作物产量的影响。天气风险对农作物产量影响的研究主要从自然科学和社会经济两个角度展开。

自然科学角度方面主要从自然生态因素的变化来讨论农作物产量受到的影响，包括构建模型对农作物生长进行动态模拟以分析作物在一定气候条件下的生长潜力和气候变化效应的经验模型分析（刘天军等，2012），从自然科学角度的研究一般没有考虑社会经济因素，而农业生产受到气候因素与社会经济因素共同的影响，所以这种研究方法存在着一定的偏差。从社会经济角度的研究

主要借助于加入气候因素的经济模型。美国学者将社会经济影响和气候变化采用跨部门的数据联系起来，将气候变化带来的经济效益和成本加以区分，得出气候变化对美国农业有正向影响的结论（Mendelsohn R. 等，1994）。中国台湾学者构建了同时包含气候因子和经济因子的面板数据模型，评估了气候变化对台湾 15 个区域 59 种农作物的影响，其结果表明，气候变化对台湾蔬菜有积极影响、对谷物的影响则为负（2002）。丑洁明和叶笃正（2006）将气候因子作为变量加入到传统的生产函数中，组成了 C-D-C 函数模型来评价气候变化对粮食产量的影响，显示这种处理方法的结果比原有的方法的拟合程度更好一些。周曙东和朱红根（2010）也采用包含省级面板数据的 C-D-C 模型，研究了气候变化对中国南方水稻产量的影响，研究表明，温度总体上都是负向的影响，降水的影响在大部分地区为负，在一些地区为正。崔静等（2011a）运用加入了气象因子的经典生产函数模型分析了 1975—2008 年间气候变化对主要粮食作物的影响情况，结果表明，作物生长期内气温升高对一季稻和玉米产量的影响均为负，降雨量增加对小麦产量的影响为负，平均日照时数的增加对玉米产量的影响为负；气候变化对中国北方粮食作物产量的影响是正向影响，对南方的影响主要是负向影响。

从上述研究来看，在经济理论分析的基础上，加入气候因素的经济-气候模型（C-D-C 模型），是研究天气风险对农作物产量影响的有效途径。

第二节　农业天气风险管理金融创新路径研究

一、农业天气风险管理适用路径

一些学者分析了农业天气风险管理的路径，认为风险自留、风险控制等路径也可以运用于农业天气风险管理，但是这些路径存在着种种问题。天气风险发生频率高，属于系统性风险，很难依靠自身努力加以规避，天气风险也是一种数量风险，即通过天气变化影响某种产品需求量的变化，进而影响实体经济的现金流量和利润（王卉彤，2008），增强农业防灾设施、改进农业生产技术和改善土地管理等灾前防范措施，虽然能有效减轻天气灾害对农业生产造成的损失，但是，一旦爆发天气灾害，农民只能依靠储蓄、抵押贷款、紧急贷款、社会援助或亲属救济以恢复灾后的生产与建设（魏华林和吴韧强，2010），这些途径通常并不能有效缓解天气风险带来的损失。保险业作为经济损失补偿与风险管理的最佳路径，能够在转移自然灾害风险和极端天气事件风险中起到很大作用。保险是一种重要的风险转移路径，它能够将很多独立的风险汇聚在一起，使“以确定的费用代替不确定的损失”成为了可能（孙南申和彭岳，2010）。传统的农业保险虽被视为农业收入的稳定器，但现有的农业保险产品存在着严重的信息不对称、逆向选择等问题。

天气指数农业保险和天气衍生品作为金融创新产品，成为缓解农业天气风险损失的重要途径。胡爱军等（2007）认为，从风险管理的角度看，风险转移是天气风险管理的有效路径，天气风险转移的方法有两种，分别是通过保险和非保险进行转移，非保险主要是采用衍生品进行转移。胡爱军等（2006）绘制出了天气风险维度坐标图，认为天气指数保险主要用于高风险、低概率的事件，而天气衍生品则用于保护低风险、高概率的事件。

二、两种金融创新可行路径

国外很多研究认为天气衍生品和天气指数保险是转移农业天气风险的有效金融创新路径。Glauber（2004）认为，由于天气指数产品与产量保险可以有效降低农户的逆向选择和道德风险，因此可作为个体风险保障的替代选择。Raphael 等（2006）认为天气指数在预测农作物总产出方面有着重要作用，这使得天气指数保险具有减轻风险损失的价值。天气指数保险具有多种优势，因此，很多学者都认为天气指数保险是管理农业天气风险的有效路径（Miranda 和 Vedenoy，2001；Chantarat 等，2007；Barnett 等，2008；Roman Hohl 和 Yuanyong Long，2008）。Carlo Cafiero 等（2007）认为稳定农作物产量的有效方法是发展天气指数衍生产品。

国内也有大量研究，从天气指数保险和天气衍生品这两种金融创新工具分别展开，认为二者均是转移农业天气风险的主要途径。天气指数保险方面：刘莉薇（2010）首次在具体的行业（会展）中运用天气指数保险对天气风险进行管理。魏华林和吴韧强（2010）认为天气指数保险，尤其是降雨量指数保险，不仅能为中国农业生产提供最直接、最根本的风险保障，而且其具有高效、透明的理赔方式，能够有效克服市场失灵、显著地改善农业保险的经营效率，也能降低财政补贴的支出。裴洁（2011）认为天气指数保险是应对天气风险的重要保险对策。储小俊等（2012）阐述了天气指数保险研究的国内外现状，认为相对于传统农业保险，天气指数保险可以较好地减少交易成本、降低逆向选择和道德风险，更多的学者将其作为发展中国家管理和转移天气风险的可行路径。黄亚林（2012）认为政府援助等容易导致农户的依赖，对政府代价也很大，公共干预的高成本与国际金融、保险市场创新产品的结合会使风险管理更好，其中运用较多的是天气指数农业保险。天气指数保险是农业保险的一种创新产品，能将其作为农业天气风险转移的一种可行工具（付磊，2011）。天气衍生品方面：陈信华（2009）在对天气敏感性进行分析的基础上指出，天气衍生品作为一种极富创新特征的金融工具，能够用来防范因气候不确定性带来的经营业绩和财务状况的剧烈波动。龚萍和周博（2010）提出国外已有了比较完善运作的天气风险管理体系，天气期权期货类金融衍生产品是其中有效的风险管理工具之一。谢世清和梅云云（2011）认为天气衍生品对于农业风险管理有着重要意义，能成为农业保险的有力替代或补充，为农业生产者的风险转移提供了新的路径。程静（2011）指出，可运用天气指数保险与天气衍生品防范干旱灾害风险。更多的学者认为天气指数保险（冯文丽和杨美，2011；魏思博和马琼，2011；陈小梅，2011；陈晓峰，2012；谢玉梅，2012 等）与天气衍生品（尹晨和许晓茵，2007；黄小玉，2007；肖宏，2008；祝燕德等，2008；王子牧，2011；程静，2012 等）是规避、转移和管理天气风险的主要金融创新工具，为农业天气风险管理和转移提供了全新的思路与路径。

第三节　天气指数农业保险研究

一、天气指数保险发展

传统的农业保险存在着信息不对称等问题，覆盖面较低（孙香玉，2009），需要开发出创新的保险产品以解决传统农业保险的困境。Skees 等（1999）根据区域产量保险和指定风险保险的主要思路提出，可以将有着相同降雨特点的区域划分到一个区域，在这个产量和降雨量高度相关的区域内提供农作物降雨量保险。这种降雨量指数保险的依据是该区域实际降雨量和承保降雨量间的偏差，据此进行赔付，具体地，根据该区域的长期降雨量和作物产量间历史数据的关系对承保的降雨量范围进行确定。这种创新的降雨量保险产品设计得到了世界银行的支持，在该指数保险开发设计的基础上，越来越多的天气指数保险（例如干旱保险、洪水保险等）逐渐被设计出来。

陈盛伟（2010）指出，天气指数保险自推出以来，时间虽然不长，却在很多国家都发展迅速，世界银行将天气指数保险应用于农业，用以改进农业天气风险管理，在世界银行的帮助下，天气指数保险在加拿大、墨西哥、印度、南非等国家都进展顺利。此外，国际农业发展基金（IFAD）、联合国世界粮食计划署（WFP）等一些组织也很重视天气指数保险在农业中的应用，这主要是因为天气指数保险具有多种优点。

二、天气指数保险的优劣

国外较早就对天气指数保险的优势进行了详细研究，很多学者（Skees，1999；Barnett 和 Mahul，2007）认为天气指数保险可以解决传统农业保险信息不对称的问题，还能够减少保险中常见的道德风险和逆向选择问题。而且，天气指数保险依赖的是科学的方法和客观的数据，合同结算采用的是独立第三方的数据，所以具有一定的科学合理性。运营天气指数保险需要的数据和信息容易得到，理赔比较简单，能有效降低成本。Barnett 和 Mahul（2007）指出天气指数保险比传统农业保险的价格要低，这会使更多的人愿意投保。天气指数保险的价格较低是因为天气指数保险合同具有标准化、简明的特点，这能够降低其推广和管理的成本；另外天气指数保险的理赔依据直接就是客观的气象站观测数据，不再需要和传统农业保险一样核查单个农户的具体损失，使理赔的过程更加简单，也降低了相应的成本。Skees（1999）还提出天气指数保险合约具有标准化的特点使定价过程和购买保单都能够更加遵循市场供求的规律，而且，天气指数保险流动性强的特点也有助于其进入资本市场，利用资本市场来防范天气风险。

相对于传统农业保险而言，天气指数保险有着以上各种优点，但天气指数保险也有其不足之处，其中基差风险就是最大的问题。基差风险定义为指数赔付与实际损失的不匹配，即存在产量或收入损失却得不到赔付，或者没有产量或收入损失却得到赔付，或者赔付金额大小与损失程度不一致（The World Bank，2005）。Barnett 和 Mahul（2007）认为两个原因造成了基差风险问题：一是由于天气风险在不同区域是不相同的，例如存在着小气候，带来的损失程度是不同的。但是在同一个风险区域内的农户购买天气指数保险的保费是相同的，发生损失时获得的赔付因此也是相同的，这样损失与赔付之间就不相符。二是由于其他的原因也有可能导致农业产量的损失，例如病虫害等，此时天气风险与产量间的关联度就没有那么密切，这种影响到天气指数保险设计的问题会导致基差风险。庹国柱（2005）也认为天气指数农业保险具有一定的不足之处：首先，根据天气风险和产量损失间的关系确定天气指数比较困难；其次，与前述提到的问题相同，也是由于在同一个风险区域内获得的赔付相同，但实际受到的损失并不相同的公平性问题。张峭将上述“公平性”缺点归纳为“基差风险”（李继学，2008）。同时，从一些发展中国家和在中国的指数保险试点来看，谢玉梅（2012）认为天气指数保险作为一种农业风险管理方式创新，具有很多优势，但发展中还存在着有效需求不足，农户缺乏对保险公司的信任；气候数据不全面，加大了天气指数保险的基差风险；私人保险公司进入意愿不高，部分项目高度依赖政府补贴等问题。

三、天气指数保险实践探索

虽然存在诸多挑战，天气指数保险产品作为农业保险的创新产品，对我国防范天气风险以及农业保险的发展仍具有重要意义，国内很多学者也做了大量的探索研究。朱俊生（2011）在运行层面上评价了安徽天气指数保险的试点，发现从运行层面的角度看，天气指数保险试点积累了丰富的经验，但也面临着不少挑战，提高试点的运行效果需要加强政府的支持力度、提高保险意识与促进销售、建立严格的法律和监管体系、发挥农户的积极性等。于宁宁（2011）系统阐述了天气指数保险的定义、产生的背景、国内及一些发展中国家的开展情况、案例研究等各个方面，得到的结论包括：基于农业天气指数保险在一些发展中国家实施时采取的措施与面临的困难，我国将农业天气指数保险广泛运用于农业风险管理的基础条件还需要进行完善；对案例进行研究后认为发展和推广水稻天气指数保险，需要使销售渠道多样化、产品设计更完备，以及加强有关的培训和教育等。一些学者（曹雪琴，2008；张宪强和潘勇辉，2010；方俊芝和辛兵海，2010；魏华林和吴韧强，2010；陈晓峰和黄路，2010；高娇，2012 等）也开始基于我国的实际情况，学习借鉴国外天气指数保险发展历程和运行机制的实践经验，开始尝试着探索我国天气指数保险的发展路径。

四、天气指数保险合同设计

国内外关于天气指数保险合同设计的研究主要从合同设计需要考量的问题和合同设计实证研究两个方面展开。

天气指数保险合同设计中需要重点考虑的问题主要是基差风险以及天气风险与产量间的关系。基差风险是设计天气指数保险时存在的最大问题，在合同设计时考虑的首要问题应是如何最小化基差风险，所以，需要选取能够准确预测产量，特别是受灾产量的天气指数。Leblois 和 Quirion（2010）指出天气指数保险合同设计中需要重点关注能否得到准确的气象数据和生产数据，进而才能采用合适的模型方法来估计天气风险和作物产量间的具体关系。作物产量的损失通常不仅是受到单一天气变量的影响，而是多个变量共同作用的结果，因此，也可以选取复合变量进行估计，这样才能够最小化基差风险。Bokusheva

(2011) 认为估计天气指数变量与产量间的关联度，通常可以采用回归模型，此时是假定天气指数与产量间的相关关系可以用线性关系来表述。但这一假定过于严格，在进行精算时，大多情况下模型中的尾部相关更受到关注（Xu等，2010），进一步地，Bokusheva（2011）的研究认为天气变量和产量间的联合分布有着明显的时空变化，因此在设计天气指数保险合同时需要重点分析天气变量和产量间的这种情况。基差风险的大小依赖于天气因素变量的时空分布特征，但与可保性要求相反，可保性的条件之一就是单个风险独立或风险的共变性小。Cummins 和 Trainar（2009）认为，由于存在着系统性风险，系统性风险一般很难分散，会使合同的设计存在很大问题。基差风险和某个区域的天气风险间存在着一定的联系，虽然基差风险在某个地区的天气风险情况如果全部相同时会消失，但此时会出现不可保的问题。只有在这个地区的天气风险都是独立的情况下才具有可保性，但此时的基差风险最大，因此在设计天气指数保险时，这一问题需要重点考虑。传统方法是采用气象站之间距离函数来衡量天气变量间的相关关系（Wang 和 Zhang，2003；Odening 等，2007；Woodard 和 Garcia，2008）。

国外关于天气指数保险的研究起步较早，在天气指数保险合同设计的实证方面已有了较为深入的探讨。Jerry Skees（1999）等提出了设计天气指数保险合同的方法，具体地，将保险公司提供的保险分成多个保险单元，每单元的保险费率相同，投保人可以任意选择要购买的数量。在进行赔付时，每单元的赔偿金额是相同的，保险人提前购买保险（一般提前一年），合同到期时根据预先确定的天气指数情况决定是否赔付以及赔付金额的大小。举例来说，对降雨保险合同可以这样规定：降雨量为正常年份的40%—60%，被保险人会获得预先规定赔偿金额的1/3；降雨量为正常年份的20%—40%，被保险人获得预先规定赔付金额的2/3；如果降雨量低于正常年份的20%以下，就会获得全部赔付金额。Xiaohui Deng 等（2007）设计了一个温度-湿度指数保险产品，并检验了该产品能否有效防止牛奶生产因高温带来的风险，结果表明该产品能够给乔治亚州中南部乳制品生产者提供有益的风险管理。Daniel 等（2012）为提高统计估计效率，同时运用时间与空间方面的数据，采用经验贝叶斯方法论述了指数保险产品的设计和定价，这一方法被印度农业保险公司在2010年印度政府启动的全国农业保险计划中作为设计和费率厘定的实施基础。

国内在天气指数农业保险合同设计方面，才开始探讨有关天气指数农业保险合同设计的问题，研究是按区域进行的，主要集中在浙江、陕西、福建等地区，采用的方法和选择的作物品种各有不同。

浙江地区的研究起步最早，成果也最多。毛裕定等（2007）通过研究浙江柑橘的损失与气温之间的关系，以极端低温作为指数，首次尝试设计了浙江柑橘冻害指数保险合同。娄伟平等（2010a）进一步地分析了风险发生的尾部分布，将天气指数保险和区域产量指数保险相结合，依据天气风险和柑橘减产率之间的关系，对柑橘的天气指数保险合同进行了设计，确定了浙江省西部各县的纯保险费率与赔付金额：淳安、兰溪、金华市区和丽水市区的纯保险费率为1.8%—3.0%，江山、建德、常山、龙游和衢州市区的纯保险费率为5.5%—6.6%，并提出可将天气指数保险合同设计为天气衍生品以引入金融市场。娄伟平等（2010b）在柑橘天气指数保险的基础上，进一步展开了研究，考虑了下垫面条件间关系确立了单季稻的减产率模型；采取GIS技术确定各种地形条件下的减产率，并综合天气指数保险与区域产量指数保险的优点，设计了在不同减产率水平下的水稻暴雨灾害保险的理赔指数。吴利红等（2010）也设计了水稻天气指数保险产品，具体地，首先，其设计出了单季稻产量与灾害损失间关系的模型；进而使用Beta方法和长时间序列的历史气象数据计算各个县市损失的风险概率，设计出不同诱发系数下的纯保险费率及保费：确定沿海台州、温州、舟山与宁波地区中18个县（市）的诱发系数为7.5%；兰溪等16个县（市）的诱发系数为5.0%；嘉兴等34个县（市）的诱发系数为2.5%。娄伟平等（2011）在历年茶叶基地逐日经济产出的基础上，确立了开采期前或开采期茶叶因霜冻造成的经济损失率和最低气温之间的关系。使用最低气温的资料以计算各个等级霜冻发生的风险，进而得到茶叶经济损失的风险，并采取多种风险分析模型拟合各乡镇、街道茶叶处于不同开采期的最低气温分布，从中选取最优理论概率分布函数以进行序列的风险概率估算，从而得到较稳定并切合实际的风险评估结果；在定量研究风险的基础上，综合了区域产量指数保险和天气指数保险的优点，设计了细化到乡镇级别的茶叶霜冻指数保险。

在陕西地区，刘映宁等（2010）根据苹果生长期数据和气象数据，区划了陕西主要苹果生产区遭受花期冻害风险的时间段为：延安与渭北西部果区为4月10—30日、关中与渭北东部果区为4月1—20日，并将苹果花期的冻害保险划分为低风险、中风险和高风险3个具体的等级，每个等级风险指数的分布特征为：延安果区的风险指数最高，其次是渭北西部果区，关中果区与渭北东部则明显偏低；结合种植环境与风险等级，得到了10%<参保风险指数<80%具体的参保指标。

在福建地区，尹宜舟等（2012）重点研究了福建省连江县，在分析台风灾害风险和其活动特征的基础上，将能够对连江县造成损失的台风分为以大风或大雨或大风雨为主导的三类，结合连江站相关气象数据和概率分布建立了广义的台风灾害气象指数，并构建了保险赔付路线图。

国内一些学者也开始逐渐参与到天气指数保险合同设计的研究中来。路平（2010）使用黑龙江省和辽宁省 27 个地市面板数据建立了模型，针对哈尔滨市设计了粮食天气指数农业保险合同。郑小琴等（2011）调查了漳州市台湾热带优良水果的主要冻害风险，采用年极端最低气温作为冻害指标以划分冻害级别，分析了漳州市年极端最低气温的风险频率、根据模式推算了无观测站的年极端最低气温并作出漳州市极端最低气温的分布图、对种植区进行了分区评述，提出以极端最低气温作为台湾热带优良水果冻害的气象保险指数，按照轻度寒害、中度寒害、轻度冻害和严重冻害 4 个等级，对漳州市主产区进行了保险分区。孙朋（2012）针对试点地区具体的天气情况与作物产量，有针对性地设计了天气指数保险产品；以作物生理特性为切入点，并结合非参数单产波动模型，构建了干旱指数赔付模型。

第四节　天气衍生品相关研究

一、天气衍生品市场发展

由于天气指数保险合约并没有发展成为活跃、可交易的市场，其本身仍然存在着一定的风险，证券市场则能够为农户或者农业保险公司转移风险提供有效路径（蒲成毅，2006），因此，天气风险市场自成立后在发达国家发展迅速，相关实践也在不断发展成熟。埃里克·班克斯（2010）的《天气风险管理：市场、产品和应用》一书是首个关于天气风险管理的书籍，该书对天气衍生品市场的产生、发展以及天气衍生品的应用进行了详细阐述。Patrick L. Brockett 等（2005）指出作为管理天气风险的一种金融创新路径，天气衍生品市场是保险市场和金融市场不断融合的代表，天气衍生品市场相比其他衍生品市场而言，发展最为迅速。Cooper（2009）详细介绍了天气衍生品的产生和发展，说明了天气衍生品在最初并不是运用于农业领域，农业和其他一些对天气异常变化很敏感的行业后来才不断参与到天气衍生品市场中。

二、天气衍生品定价方法选择

天气衍生品的定价研究建立在一般金融产品定价研究的基础上，国外的相关研究较早，研究也比较深入。金融产品定价方法主要是精算定价法（Actuarial Pricing）和无套利定价法（No-arbitrage Pricing）。与保险估算相关的精算方法是在不能通过市场进行套期保值时所采用的方法，在没有可供参考的套期保值策略时，定价的核心在于对合约赔付统计特征的描述；无套利定价法则是指运用无套利的资产组合复制方法，根据其他相关资产价格确定需要定价资产的价格（段兵，2010），但是 Brockett（2010）和 Sloan 等（2002）认为在精算定价法中，只有在不存在金融市场的情况下才能计算出资产的精算价值，而天气风险很明显会对金融市场上很多流动性资产价格产生影响，这之间的随机相关性，会明显降低天气衍生品的套期保值作用。Black-Scholes 模型在衍生品定价中运用广泛，在市场上没有“无风险套利”机会的情形下，能够完全对冲与衍生品相关的风险（周洛华，2011），衍生品价格与购买投资组合的成本相等。但 Davis（2001）认为天气衍生品的价格变化与相应的天气事件有关联，交易的基础为天气指数，天气指数也不能在市场上直接交易，这与 Black-Scholes 模型在完全市场上的运用不一样，应用 Black-Scholes 模型对天气衍生品定价并不合适。一些学者认为对天气衍生品进行定价更适宜采用非完全市场定价模型，Davis（2001）与 Brockett（2010）都认为天气衍生品市场是经典的非完全市场，可借鉴非完全市场的定价模型如二次方程模型、边际效用模型、无差异价格、均衡定价法，等等。不过，Jewson 和 Brix（2005）对此存在争议，认为以资本资产定价模型（CAPM）为代表的均衡定价模型并不适用于天气衍生品的定价，因为天气变量、天气衍生产品与金融市场不存在明显的相关关系，且认为对大多数天气衍生品的定价而言，精算定价方法更为适当。

国内在天气衍生品定价方法上的研究都建立在对国外研究总结的基础上。谢世清和梅云云（2011）说明了天气衍生品不同于传统的金融衍生品，它的价值由温度、降水量或湿度等天气指数来确定，指出天气衍生品定价方法主要有保险精算定价法、市场基础定价法和无套利定价法，并简要论述了采用精算定价法对天气期货和天气期权进行定价的原理。段兵（2010）指出天气衍生品是一种特殊的金融衍生品，有其自身的构成要素、标的变量、支付函数以及定价方法，天气互换合约的定价有两种方法：基于天气变量结果的概率分布计算出合约价值，并运用历史气象数据与气象预测获得天气指数概率分布的精算定价法；当互换有可观测的市场报价时，可以采用市场价格定价法。天气期权合约的定价有三种方法：精算定价法、市场价格法和无套利定价法。段兵（2010）总结出在当前的市场情况下，天气互换市场的流动性并不是很好，对天气期权连续的动态对冲一般难以实现，所以天气期权的定价需要综合应用精算定价法与市场定价法，且更倚重于精算定价法；在天气互换市场有一定的流动性时，可采用套利定价法。

三、气温衍生品定价

气温衍生品的定价方面，国外学者已进行了大量研究，大多数学者采用的均是精算定价法，在模型的选择上有所不同。Campbell 和 Francis（2005）使用美国城市的日平均气温，运用 AR-GARCH 模型对气温衍生品进行定价。Jewson 和 Brix（2005）采用 ARMA、ARFIM 等时间序列模型方法进行定价。James 和 Roberto（2006）采用了 1 到 10 天前的温度，使用整体预测计算合约期为 10 天的 HDD 看跌期权支付密度的均值和分位数，显示该种方法比采用单变量 GARCH 模型得到的结果更好。Sveca 和 Stevens（2007）采用时间序列模型预测了悉尼的 HDD 和 CDD 指数，在小波重构傅立叶变换的基础上，设立了 1 个当日模型和 2 个每日模型，并进行了对比分析，显示 HDD 指数的预测相比 CDD 要好，现有的 CDD 模型需要进一步改进。Härdle 和 López（2009）使用柏林的累积月气温和带季节变化的连续自回归模型（Continous Autoregressive Models，CAR）用于对气温衍生品进行定价。少数学者采用了其他方法，Davis（2001）使用的是边际效应法，根据 HDD 及假设商品的价格服从几何布朗运动，得到期权和互换价格的显性表达式。Oemoto 和 Stevenson（2005）分析了 6 种主要运用于天气衍生品定价的气温预测模型，这 6 种模型又分为两类：一类是基于 ARMA 的时间序列模型，包括 Campbell 和 Diebold（2001）的模型、Cao 和 Wei（2004）的模型和没有考虑季节特征与长期趋势的 ARMA 模型；另一类是基于蒙特卡罗模拟的模型，包括依赖于气温历史分布的简单预测模型、Dischel（1998）的模型和 Alaton 等（2002）的模型。Oemoto 和 Stevenson（2005）分析认为：这 6 种模型在预测结果上都有着低估或者高估的问题，基于 ARMA 的模型相对而言能更好地拟合样本数据。

国内在气温衍生品的定价研究方面处于起步阶段，采用的方法也均是精算定价法，且主要是基于扩展的 Lucas 均衡价格模型、O-U 模型和蒙特卡洛法进行定价。

基于时间序列与扩展的 Lucas 均衡价格模型方面：钱利明（2010）使用杭州市 1978 年 1 月 1 日至 2007 年 12 月 31 日的日平均气温数据，研究了根据气温指数和基于时间序列模型和扩展的 Lucas 均衡价格模型的天气衍生品合约定价，并计算出了合约在不同风险厌恶系数下的价格。王培（2012）也采用了时间序列模型和扩展的 Lucas 均衡价格模型，依据从 2001 年 1 月 1 日至 2010

年 12 月 31 日期间的日平均气温数据，进行回归分析得到南京市日平均气温的变化模型，计算出气温指数衍生品合约的价格。

基于 O-U 模型与蒙特卡洛模拟方面：李霄（2011）选取了天津市 2000 年 1 月 1 日至 2009 年 12 月 31 日的气温数据，构建了基于 Ornstein-Uhlenbeck 过程的随机模型，进行参数估计进而获得了气温的参数分布，在此基础上使用蒙特卡罗方法对气温进行预测，并以天津某电力公司举例说明对天气衍生品采用风险中性定价原理的定价问题，表明期权的价格与期权的时间点具有一定的联系，离截止日期越近，该价格和真实的价格也越接近，电力公司需要购买期权以进行套期保值、规避因气温变化引起的财务风险。李永等（2011）运用上海 1951—2008 年的气温数据和 O-U 模型对气温标的指数进行预测，预测值与实际观察值的检验结果为：预测值的相对误差绝对值小于 5%，表明模型能够较准确地预测气温的变化，进一步地，李永等（2012）采用时间序列建模方法，以 O-U 模型为基础分析了 1951—2010 年上海气温的动态变化，估计了模型参数、检验了模型的预测精确度，结果显示 O-U 模型与时间序列建模相结合的方法能提高对气温预测的精度，借助蒙特卡罗模拟方法可以完成对天气期权产品的定价。

基于 BP 神经网络与蒙特卡洛模拟方面：涂春丽和王芳（2012）利用 1951—2010 年重庆市的气温数据、采用 BP 神经网络对气温进行预测，采用蒙特卡洛方法对天气衍生品进行定价，仿真结果表明该方法有效且相对误差较小，对开发天气衍生品市场具有一定的价值。

第五节　简要评述

综上所述，国内外学者在农业天气风险管理金融创新路径方面做了大量的研究工作，国内外学者的研究水平和取得的成果存在着较大差距：国外的研究起步早，定量研究较多，已有了成熟的模型；国内的研究期较短，大部分研究仍然是定性研究，定量研究方面较缺乏。国外对于天气指数保险的特征、运用和合同设计等方面已有了很深入的探讨，天气衍生品在国外也已是较成熟的风险对冲工具；天气指数保险与天气衍生品在国内的研究以可行性分析为主，缺乏相应的定量分析，国内研究大多是从定性方面简要阐述天气指数保险和天气衍生品的应用，实证方面的研究不多，没有给出较精确的模型方法，特别是针对某个具体区域天气特征进行模型选取、数据拟合、定价方面的研究很少。

有效的农业天气风险管理可以减少或者消除农业所面临的风险，使其在未来获得稳定的收益、减少相应的不确定性；天气指数产品的发展也丰富了金融市场产品，能推进我国的金融工程创新。我国在天气指数保险方面的研究已经有所进展，但是还面临着诸多挑战；天气衍生品还处于筹划与探索之中，并没有具体实施。今后的研究中，中国学者应该深入探讨金融创新产品在农业天气风险管理中的应用，特别是天气指数保险和天气衍生品这两种主要的金融创新产品。应该多开展相关调研工作以获得大量微观数据，尝试设计出符合我国具体情况的天气指数保险合同以及对天气衍生产品定价模型进行试验研究，为管理农业天气风险提供具体可行的路径。也希望有关部门加强对气象数据的开发和利用，使其更好地为农业服务。

第三章 农业天气风险管理需求分析

第一节 农业天气敏感性

强烈的热带气旋、干旱、暴雨、飓风、海平面上升——全球变暖使气象灾害在未来会更加频繁和严重，天气气候变化的严重程度及其速度成为了前所未有的挑战。农业对气候变化的敏感性很强，相应的适应性很低，尤其是高度依赖农业的发展中国家，由于人均收入低，且缺乏相应的技术等薄弱环节，更容易受到影响。农业生产技术与管理措施在不断进步与发展，但每年的产量还是随着天气条件的变化有很大波动，而且这种波动的幅度随着粮食总产量的增加呈上升趋势。虽然我国的农田水利设施在不断完善，灌溉面积也在加大，但干旱成灾面积仍在增加，洪涝、台风等造成的经济损失也在不断增加。

天气气候对于国民经济的各部门均有影响，但是各个部门受到影响的程度有所差异。一般认为经济部门受天气气候变化影响的程度由两个因素决定：一是经济部门对天气气候的敏感性，二是经济部门在整个国民经济中所占的地位。美国商务部门曾对经济部门受天气气候影响的程度作了统计，见表 3-1。

表 3-1 **美国经济部门对天气气候的敏感性大小排序**

排列顺序	经济部门	排列顺序	经济部门
1	渔业	8	能源生产和传输
2	农业	9	机械化
3	空运	10	水位监控
4	林业	11	通信
5	建筑	12	休息娱乐活动
6	铁路与公路运输	13	轻工业
7	水运		

资料来源：http：//www. t7online. com/feature/news201101. shtml.

从表中可以看出农业对天气气候的影响很敏感，广义的农业也包括种植业、林业、牧业、副业和渔业（王雅鹏，2008），因此可以看到敏感性排在前几位的基本都是农业，农业是面临天气风险较为严重的经济部门，我国每年因天气灾害导致的直接经济损失占到 GDP 的 3%—6%，农田的受灾面积每年达到 7 亿亩以上（谢世清和梅云云，2011）。

第二节　气象条件与农业生产

一、气象条件与农作物生长

在农作物的生长期中，光、热、水、气（CO_2）均是其生长所必需的气象因子，它们缺一不可，相互制约而不能相互替代。太阳辐射主要从光照强度和长度等方面影响农作物的生长发育和产量形成，白天的光照与黑夜的交替以及它们的持续时间对作物的开花有很大影响，此外，太阳光能的强度直接影响作物的光合作用，进而影响生长发育的速度（祝燕德等，2006）。在作物生长适宜的光照强度范围之内，作物的光合作用强度与光照强度呈正相关关系，作物的发育速度随光照强度的增加而加快，但是当光照强度超过一定的范围时，其变化对作物的光合作用不再起作用，甚至会阻碍作物的生长发育，对其生长有害；光照强度的不足则会影响作物生态，使其茎叶器官生长发育不好，例如光照强度不足会使稻谷、小麦的蛋白质含量减少。晴朗天气的光照强度较大，阴雨、多云天气的光照强度较小。热量则会直接影响到作物的生长以及作物的产量和分布，还会影响作物生长期的长短、发育速度和各发育期出现时间的早晚。作物的生长有 3 个基线温度：最高气温（上限温度）、最适宜气温和最低气温（下限温度），在最适宜气温的条件下作物的生长发育最快，低于最低气温或高于最高气温，作物会停止生长，如果温度继续降低或升高，可能会导致作物的严重损坏或死亡。气候变暖会使温度继续升高，高温热害、伏旱会更加严重，这些对中国亚热带地区的粮食生产都会造成严重影响，高温热害的加剧会抑制很多农作物的生长和发育（周曙东等，2013）。水对农作物的生长及产量形成非常重要，水分是制造有机物的原料，水的多少会影响光合作用强度、影响作物对营养物质的吸收与转运，水是作物本身最大的组成部分，水影响开花、授粉、受精及病虫害的发生发展，等等。我国各个地区的时空差异较大，水分条件常常是影响农业生产的关键因素，因为降水的变动会带来我国农业生产中的主要天气风险：干旱和洪涝。

二、气象条件对农作物产量和品质的影响

如果作物生长期间的光、热、水等气象条件配合得不好，对农作物生长发育和最后产量的影响会很严重，这些基本气象因素的数量、相互配合以及空间（各个地区）和时间（季节、年际）的变化很大程度上决定了一个地区农业生产的类型、农作物的种类和耕作制度、收成的丰歉以及品质的优劣和成本的高低等。日照、温度和降水都可能影响作物的产量，例如对稻谷而言，表 3-2 说明了稻谷对温度条件的要求，如果在抽穗开花期连续 3 天的平均气温都低于 20 摄氏度（粳稻）或者 3 天以上低于 22 摄氏度（籼稻、杂交稻）时，容易形成空壳和瘪谷，如果气温在 34 摄氏度及以上时，会造成高温逼熟，使结实率和千粒重下降。因此异常出现的低温阴雨天气或者高温天气都会影响到稻谷的生长发育和产量。

表 3-2　**稻谷对温度条件的要求**　（单位：℃）

时期	最低气温（粳型-籼型）	适宜气温	最高气温
种子发芽	10—12	18—33	45
幼苗生长	12—14	20—32	40
移栽	13—15	25—30	35
分蘖	15—17	25—30	33
幼穗分化	15—17	25—32	40
花粉母细胞减数分裂	15—17	25—32	40
抽穗开花	18—20	25—32	35—37
灌浆结实	13—15	23—28	35

资料来源：祝燕德等，2006。

农作物的品质不仅与品种、人为栽培情况有关，与天气气候也有很大的关系，例如，如果稻谷灌浆期间的温差大，会有利于营养物质的积累以及米质的提高，而灌浆期间如果积温不足，提前收获刈青，使得劣势花灌浆不饱满形成

秕谷和青米，会大大降低品质。成熟期如果气温较高则能提高蛋白质含量，温度过低会对蛋白质的合成不利。日照条件也会影响稻谷产量与蛋白质的含量。强降水会使农田出现内涝、农田冲毁、农田土壤肥力流失严重；会抑制稻谷等农作物的发育，稻田如果灌水过深容易使含氧量减少、抑制稻谷的分蘖，影响到产量；如果早稻、玉米等在开花授粉期时遭遇暴雨，其授粉结实会受到影响，进而影响到产量；持续阴雨的天气会使田地湿度过大，影响到旱地作物的生长发育；在强降水的同时有时还伴随着冰雹、大风等天气，容易使作物倒伏，影响到产量与品质，造成损失。

三、对农业生产的其他影响

气候变暖会使作物病虫害的状况出现变化，使病虫害的发生更加频繁，这是由于害虫的生态学特征例如分布、生长发育、繁殖等与气温条件都有着密切关系，低温使害虫的分布范围受到一定的限制，而气温一旦升高，农作物害虫的分布范围就会扩大、还会延长一些农作物害虫的生长期，加重农作物的受害程度。

极端天气气候事件的发生频率在不断增加，干旱、高温、强降雨等极端天气事件的频繁出现会引发区域性农业气象灾害，而中国大多数农田水利工程的建设标准低、质量较差，运行管理中又因为技术、经济等条件限制未得到及时维修、更新改造，在暴雨、洪水等灾害后，损毁程度往往很严重。遭遇严重的干旱后会造成水库堤坝裂缝、强降雨导致的山洪暴发也会对水库造成一定的危害，影响水库的使用。暴雨、暴雪与冰冻等气象灾害也会对农业设施造成破坏，例如毁损温室大棚以及排灌设备、破坏了农业灌溉系统，引起农业生产条件的改变。不少地区的农田排灌设施建设落后，抵御自然灾害的能力非常有限，水利设施又不配套，排灌能力较差，一旦遭遇洪涝、干旱等灾害，水利设施将难以发挥作用，从而严重影响了当地的农业生产。

天气气候条件直接影响到农用化学药品的销售量，因此天气气候变化对农药、化肥等农业生产企业以及农作物防灾抗灾制剂企业也有影响。此外，比较严重的灾害天气发生后，不仅农业生产者会受到减产损失，也会造成产业关联损失，产业关联影响源自于生产者之间的经济联系，随着逐步细化的社会分工，产业之间的联系会变得越来越密切（关伟等，2005）。除此之外，天气气候变化对农业社会的稳定性也具有一定的影响（赵红军，2012）。

第三节　农业面临的主要天气风险

一、气候变化与极端天气事件

气候变化已是全球可持续发展的挑战性问题，由于经济严重依赖于资源和农业，因此更易受到气候变化的影响（LE Thi Thuy Van，2012）。地球的天气形态受到温室效应的影响，而温室效应是自然和人类活动的结果。大多数温室效应是由温室气体的自然增长引起的，温室效应的一部分却是人类燃烧化石燃料、破坏植被与砍伐森林等的结果，这部分会使温室效应强化，可能会相当迅速地使地球表面变暖（埃里克·班克斯，2010）。联合国政府间气候变化小组（IPCC）当前的研究显示（崔静，2011b）：在过去的100年（1906—2005年），全球变暖0.74℃，中国的地表年平均温度约升高0.5℃—0.8℃，比同期全球地表温度（0.6℃±0.2℃）稍高。中国年平均气温的升高以北方为主，其中华北、东北的增温幅度最大。

气候变暖使我国的降雨量呈现出不均衡的趋势，50年东南地区和长江中下游的年降水量增加了60—130毫米，华北、西北东部与东北南部的降水却呈减少趋势（肖风劲，2006）。气温的升高会使植物与土壤的蒸发加强，土壤水分缺乏的地区会更为缺乏，过去几十年亚洲与非洲干旱的严重程度就是很好的证明，农作物生长的水分条件恶化会导致农业的减产。对农业而言，应特别注意极端气候与水分条件的变化，例如高温会使蒸发加剧，导致干旱和半干旱地区更严重的荒漠化，强降水则会导致洪涝等灾害的频繁发生，气候的异常变动会使农业生产非常不稳定（蔡运龙，1996）。由于温室气体在各个区域的增温不均匀，极地和热带间的温差将会变小，这将显著改变天气系统的热动力机制，使大气环流与洋流的格局发生变化，极端天气事件的频率与强度增加。

极端天气事件指天气状况相较平均状态发生严重偏离时，在其统计参考分布范围内的罕见天气事件，出现的频率小于或等于10%（丁一汇，2009），极端天气事件通常会偏离正常的状态，超过正常已有的已经发生天气状况极值的现象，是一种小概率事件（刘玮，2012）。极端天气事件的发生呈现出越来越频繁的趋势（表3-3举例），因极端天气事件带来的经济损失也呈逐渐增加的趋势。

表 3-3　**2012 年部分地区的极端天气灾害**

时间	地区	极端天气情况
2012年2月	意大利、瑞士、波兰、罗马利亚等欧洲多国	寒流袭击，部分地区出现百年来最低气温，持续严寒致死600多人
2012年3月	澳大利亚新南威尔士州	经历了125年来最强降水侵袭，引发严重洪灾
2012年3月	西班牙	经历了70年来最干旱冬天，丛林起火
2012年4—7月	朝鲜西海岸地区	持续干旱，朝鲜气象水文局称是 50年不遇
2012年2月	云南	遭遇大旱天气
2012年6月	浙江、福建、江西等省	遭遇暴雨洪灾
2012年7月21日	北京	几十年不遇特大暴雨袭击，出现泥石流灾害
2012年8月	中国东部沿海	中国“布拉万”台风袭击

资料来源：刘玮，2012；刘玮，2013b。

在我国，极端天气事件表现在高温干旱频率的增加，全国年平均炎热天数先降后升，北方地区，尤其是西北地区炎热天数明显增多。东北和华北平原及西北旱区的旱灾发生频率与程度也在明显增大（肖风劲，2006）。中国半干旱、干旱地区的分布主要集中在北方，约占到全国总面积的47%，频繁的干旱成为制约北方地区粮食生产的重要因素，气候变暖会加剧北方地区的干旱局面，导致南方地区高温热害的发生、伏旱更为严重。由于时空分布的不均匀，虽然中国南方地区的降雨充足，但较为严重的季节性干旱、伏旱和秋旱时常发生。随着气候的变暖，干旱的频率与强度也在不断增大，严重影响到亚热带区域的粮食生产，暖温带的粮食生产也出现了类似问题，赣、浙、闽、湘等省份相继遭遇了严重的秋旱与伏旱，旱情持续时间长、发展速度快，对粮食生产带来了巨大损失（周曙东等，2013）。

此外，极端降水事件也趋多、增强，长江及以南区域的极端降水和年降水都在不断增加、江淮流域的暴雨和洪涝也在不断增加。极端天气事件的经常发生也引发了暴雨和洪涝的频繁发生，过度集中的降水或大面积的持续暴雨常常会引发山洪、江河水位陡涨，甚至导致河堤决口、农田受淹、房屋倒塌等，造成严重的灾害。据长江流域自动观测站资料显示：长江流域大多数区域的年平均降水量在逐年增加，夏季降水量显著增加，暴雨天数增多。而且，夏季长江上游区域的暴雨期在不断提前，长江中下游在这一期间正处于梅雨时节，两种情况的同时发生使原本不难消化的上游来水也成为负担、洪灾发生的概率也随之增大。暴雨频率的增加也会直接导致水土流失与土壤侵蚀，这使得滑坡、泥石流等地质灾害的发生频率和强度增加，这些都将严重影响到中国的农业生产（王向辉，2011）。

二、我国农业生产中的天气风险

天气气候灾害对我国农业的影响很严重，例如春季的低温连阴雨对江南早稻的育秧期有影响、寒露风对晚稻的抽穗扬花有影响；干热风对北方冬麦区小麦的影响，夏季低温对东北水稻、大豆和高粱等的影响；干旱、高温、洪涝和霜冻等灾害性天气对华南及江淮农作物收获的影响。影响我国农业生产的天气风险主要是干旱、洪涝、冷灾和寒灾等天气灾害（霍治国等，2003）。

（1）中国地处东亚、东临太平洋，具有明显的季风气候，季风的不稳定性导致中国干旱灾害的频繁发生。中国的旱灾主要发生在北方的河套平原和黄淮海平原、南方的江南丘陵和云贵高原。近40年以来，黄河中下游、淮北地区、海河流域以及广东东部、福建南部沿海发生干旱次数有35—40次，几乎平均每年都有不同程度的干旱出现。2000年是自1949年以来发生干旱最为严重的年份，黄淮、江淮区域在春、夏季持续少雨，使冬小麦主产区严重干旱，给夏粮生产带来了严重损失；长江下游、东北三省与四川发生了春、夏连续干旱和伏秋旱，给这些地区的秋粮带来了严重损失；全国因旱灾减产的粮食达12033万吨，减产幅度达25%。作为粮食主产区的河南、河北、江苏、山东等15个省市在2009年初出现了大幅干旱，约有1.36亿亩作物受旱；云南、广西、贵州、重庆和四川西南五省市在2010年遭遇了特大旱灾，耕地受旱面积1.16亿亩，其中受旱作物面积达到9068万亩，重旱面积达2851万亩、干枯1515万亩，造成的经济损失超过350亿元；云南在2012年2月遭遇大旱，其90个监测站点发生气象干旱，干旱造成大春农作物受灾976.62万亩，成灾564.26万亩、绝收93.72万亩，因旱灾造成全省直接经济损失23.42亿元，其中农业损失达22.19亿元（刘玮，2013b）。因此，旱灾是影响中国农业生产的首要灾害。

（2）中国大部分区域的年降水量都集中发生在夏季，在不同年份间的变动较大，洪涝灾害较频繁。全国共有29个省在1998年发生大洪水时受灾，农田受灾面积3.18亿亩，成灾面积1.96亿亩，因洪灾导致粮食减产6033万吨，减产幅度12%；江南、西南、华南、江淮和东北等区域在2010年时极端天气事件频发，先后发生了多次大范围强降雨过程，洪灾造成2.02亿亩农作物受灾，其中3135万亩绝收，粮食减产3421万吨，减产幅度达6%；2012年6月下旬，南方的浙江、福建、江西等省发生暴雨洪灾，经济损失总额达 172.54 亿元（刘玮，2012）。

（3）雪灾与低温冻害会造成农作物冻伤和减产，都属于极端天气事件。山东省 43 个县在 2002 年 4 月发生了严重的霜冻灾害，蔬菜、小麦、果树等大幅受冻，作物的受灾面积达到 765 万亩，直接经济损失达 64 亿元；南方在 2008 年年初发生了大范围的雨雪和冰冻灾害，其持续的时间较长、强度很大，使农业遭受了严重损失：农作物受灾面积 2.15 亿亩，其中成灾面积达 2.61 亿亩，绝收面积 2956.5 万亩。仅江苏省农业的直接经济损失就达到了 10.9 亿元，约占全部直接经济损失的 50%。

第四节　天气风险对湖北省粮食产量的影响：基于面板数据的分析

湖北省是粮食大省，素有“湖广熟、天下足”的美誉，2004 年被中央确定为 13 个粮食主产省份之一，我国的粮食安全主要依靠于粮食的核心生产区。但天气气候变化使高温、干旱等气象灾害发生得更为频繁，天气灾害产生的巨大农业损失严重影响我国的粮食生产供给、市场粮价大幅波动，更让人们忧虑粮食安全、经济安全和生态安全。

一、模型设定与指标选取

本书的分析数据包括与粮食生产相关组成变量的湖北省 78 个县市的面板数据，以及从 1990 年到 2009 年的气候数据。面板数据指在一定时间内跟踪同一组个体的数据，它既有横截面的维度（n 个个体），又有时间维度（T 个时期），由于面板数据同时具有横截面和时间 2 个维度，它能解决单独的截面数据或时间序列数据所不能解决的问题，面板数据也能显著增加样本空间，提高自由度，提供更多个体信息，使估计结果更准确（陈强，2010）。估计面板数据的一个极端策略是将其看成截面数据进行混合回归（Pooled Regression），另一个极端策略是为每个个体估计一个单独的回归方程，前者忽略了个体间的异质性，后者则忽略了个体间的共性。实践中通常采用折中的估计策略，即采用个体效应模型，具体地又分为固定效应模型（Fixed Effects Model，FE）和随机效应模型（Random Effects Model，RE）。已有的研究通过对混合 OLS 方法、固定效应模型和随机效应模型的比较，选取其中的一种估计方法，但是面板数据若存在组内自相关、组间异方差和组间截面相关等问题时，这几种方法的估计结果效果并不理想。在这种情况下，可以考虑采用可行广义最小二乘法来进行估计（Feasible GLS，FGLS）。

传统 C-D 生产函数对于描述生产要素与产量间的关系起到了重要作用。作物生长过程是光、温、水等因素共同作用的结果，气候因素虽然与劳动、资本、土地等因素不同，不是生产要素，却会影响生产要素的使用效率（崔静等，2011b）。本书采用了经济-气候模型，将气候因子作为外生变量引入 C-D 生产函数模型中，用于估计天气气候因素对粮食产量的影响程度，基本模型的具体形式是（Rainer Holst 等，2011）：

$$\ln y_{it} = \alpha_0 + \sum_{k=1}^{K} \partial_k \ln x_{kit} \tag{3.1}$$

式（3.1）中，y_{it} 指区域 i 在时间 t 的粮食产量，x_{kit} 指因素 k 在区域 i 时间 t 的投入量，$\alpha_j(j=0,1,\ldots,K)$ 为待估计参数。本书设定作物产量为各个投入要素、管理、技术、土地和气候因子的函数，气候因素虽然不是生产因素，却影响生产要素投入的数量。因此，被解释变量为粮食产量，由于资料的限制，本书选取的解释变量包括播种面积、农业劳动力、有效灌溉面积、机械总动力，还有化肥施用量等物质投入；同时作为解释变量的气候因子包括年平均气温、年平均降水总量和年平均日照总时数，为了与实际情况更为吻合，解释变量中加入了气候因子的二次项。除了各主要投入要素之外，引入时间趋势项 t 以体现技术进步对粮食产量的影响。各主要变量的描述性统计见表 3-4，粮食产量与化肥施用量的单位为吨，有效灌溉面积与播种面积的单位为千公顷，机械总动力的单位为千瓦，农业劳动力以万人计量。其中气候因素的计量单位分别为：摄氏度、毫米、小时。

根据表 3-4，粮食产量与各主要投入因素的最大值和最小值间差距很大，波动幅度也较大，反映了生产投入与获得收益的不确定性。这主要是因为，粮食种植的分布区域较广、水平差异较大。气候因素中，气温的波动较小，降水、日照的波动较大，三个气候因子的变化将对粮食产量造成不同程度的影响。

表 3-4　　**粮食生产主要变量的描述性统计**

Variable	Mean	Std. Dev.	Min	Max
粮食产量（吨）	320905.70	273066.50	1320.00	2565152.00
有效灌溉面积（千公顷）	31.49	31.08	0.66	394.37

续表

Variable	Mean	Std. Dev.	Min	Max
化肥施用量（吨）	32606.83	32522.04	206.00	417352.00
农业劳动力（万人）	15.92	9.69	0.80	81.16
机械总动力（千瓦）	214035.20	230146.70	11261.00	2945119.00
播种面积（千公顷）	59.81	40.84	0.43	379.47
平均气温（℃）	16.65	1.14	11.47	18.80
平均降水（mm）	1304.23	513.61	473.30	10095.60
平均日照（h）	1720.91	433.77	809.30	11551.80

除了播种面积，其他各投入要素并不仅仅用于粮食作物，为衡量对粮食的要素投入量，近似粮食生产中各县市具体的农业劳动力、化肥施用量和机械总动力，以及有效灌溉面积的大小，参照大多数学者的做法（周曙东，2010；Rainer Holst 等，2011），本书对一些主要变量的处理如下：将每种投入量乘以粮食种植面积与总种植面积的份额，其中：化肥投入量=化肥施用量×（粮食播种面积/农作物播种面积）；灌溉投入=有效灌溉面积×（粮食播种面积/农作物播种面积）。

对于农业劳动力和机械总动力，也认识到这些投入要素大量应用于整个农业部门而不仅仅是作物种植上。因此，对它们进行再次调整，将农业劳动力和机械总动力再乘以作物总产值占农业总产值的份额，即：农业劳动力投入量=农林牧渔业从业人员数×（农业总产值/农林牧渔总产值）×（粮食播种面积/农作物播种面积）；农业机械投入量=农业机械总动力×（农业总产值/农林牧渔总产值）×（粮食播种面积/农作物播种面积）。

二、模型估计

本书使用了湖北省 78 个县市的面板数据，面板数据指在一定时间内跟踪同一组个体的数据，它既有横截面的维度（n 个个体），又有时间维度（T 个时期）（陈强，2010）。由于面板数据同时具有横截面和时间两个维度，它能解决单独的截面数据或时间序列数据所不能解决的问题，面板数据也能显著增加样本空间，提高自由度，并能提供更多的个体信息，使估计结果更为准确。估计面板数据的一个极端策略是将其看成截面数据进行混合回归（Pooled

Regression)，另一个极端策略是为每个个体估计一个单独的回归方程，前者忽略了个体间的异质性，后者则忽略了个体间的共性。实践中通常采用折中的估计策略，即采用个体效应模型（Individual-Specific Effects Model)，具体又分为固定效应模型（Fixed Effects Model，FE）和随机效应模型（Random Effects Model，RE）（陈强，2010）。已有的研究通过对混合 OLS 方法、固定效应模型和随机效应模型的比较，选择其中的一种估计方法，但是面板数据若存在组内自相关、组间异方差和组间截面相关等问题时，这几种方法的估计效果并不理想。在此情况下，可以考虑采用可行广义最小二乘法进行估计（Feasible GLS，FGLS）（Rainer Holst 等，2011；陈强，2010）。

本书运用 Stata10.0 软件，分别采用混合回归、固定效应模型（FE）、随机效应模型（RE）和 FGLS 对模型进行估计，结果见表 3-5，其中混合回归、FE 和 RE 都使用了聚类稳健标准差。可以看到不论是 FE 与 RE，还是混合回归，估计效果均不是很好，而 FGLS 的估计结果最为稳健。

表 3-5 **粮食生产模型的估计结果**

粮食产量（lnoutp）	(1) 混合回归	(2) 固定效应	(3) 随机效应	(4) FGLS
有效灌溉面积（lnirr）	0.221***	-0.0704*	0.0798**	0.151***
	(7.08)	(-2.04)	(3.29)	(11.59)
化肥施用量（lnfer）	0.199***	0.126***	0.169***	0.141***
	(7.22)	(5.85)	(7.09)	(17.88)
农业劳动力（lnlab）	-0.0530	0.0257	0.0113	0.172***
	(-1.20)	(0.84)	(0.35)	(8.16)
机械总动力（lnmec）	0.0525	0.0722***	0.0797***	0.0543***
	(1.86)	(3.78)	(4.34)	(3.33)
播种面积（lnarea）	0.639***	0.575***	0.547***	0.541***
	(8.41)	(10.65)	(9.41)	(22.48)
平均气温（lntem）	36.85*	-0.372	9.005	26.44***
	(2.57)	(-0.03)	(0.59)	(4.18)
气温二次项	-3.598*	0.106	-0.798	-2.555***

续表

粮食产量（lnoutp）	(1) 混合回归	(2) 固定效应	(3) 随机效应	(4) FGLS
	(-2.51)	(0.08)	(-0.54)	(-4.04)
平均降水（lnrain）	0.220	0.00624	-0.0668	0.505**
	(0.66)	(0.04)	(-0.37)	(3.00)
降水二次项	-0.0264	-0.00558	0.00311	-0.0735**
	(-0.60)	(-0.24)	(0.13)	(-3.08)
平均日照（lnsun）	0.510	-0.410	-0.270	0.433*
	(0.89)	(-1.21)	(-0.76)	(2.25)
日照二次项	-0.0687	0.0420	0.0268	-0.0494*
	(-1.05)	(1.08)	(0.66)	(-2.20)
时间趋势项（t）				0.0177***
				(10.00)
常数项（_ cons）	-88.73*	8.427	-16.76	-96.37***
	(-2.45)	(0.25)	(-0.43)	(-5.87)

注：*、**、*** 分别代表在10%、5%和1%的显著水平。

同样运用Stata软件对面板数据进行相关统计检验，检验结果见表3-6。

表3-6 **粮食生产模型检验结果**

检验内容	检 验 结 果
组间异方差检验	Prob>chi2 = 0.0000
组内自相关检验	F (1, 77) = 41.060; Prob > F = 0.0000
组间截面相关检验	Pesaran’s test of cross sectional independence = 67.416; Pr = 0.0000

可以看到，沃尔德检验强烈拒绝“组间同方差”的原假设，即认为存在“组间异方差”；同时，结果也强烈拒绝“不存在一阶组内自相关”的原假设；表3-6只列出了Pesaran检验，事实上，Friedman和Frees检验的p值均小于

0.01，故强烈拒绝“无截面相关”的原假设，认为存在着组间截面相关。考虑到上述检验结果，以及模型最终的估计结果，本书最终选取了 FGLS 估计方法，该估计方法能较好地解决上述问题，使模型估计结果更为稳健（陈强，2010）。

三、估计结果分析

根据上述分析和 FGLS 的估计结果，我们得到包含气候因子在内的各个因素对粮食产量的影响程度：

（1）除气候因素外其他投入要素的影响。考虑各投入因素对粮食产量的边际影响，发现土地很重要，模型估计结果中播种面积的系数为 0.541，在 1%的水平上非常显著。对比土地，其他投入要素的估计系数都显得相对较小。播种面积如此高的系数可以这样解释：土地已成为粮食种植进一步扩展的严重约束，因为增加面积的可能性越来越小，并且在某些区域的可耕地面积，尤其是肥沃的土地，正在因为城镇化的增加而缩减，环境的压力也在不断导致土壤降级和荒废（Smit B. 和 Cai Y.，1996）。化肥施用量和机械总动力对湖北省粮食生产的影响也为正向，尽管二者在影响程度上有所不同。具体地，模型估计结果表明化肥施用量影响的估计系数是 0.141，在 1%的水平下很显著，化肥在整个中国农业生产中的施用非常密集，在这里，化肥施用量的边际影响为正。机械总动力的影响系数是 0.0543，在 1%水平也统计显著。基于中国的国情，湖北省同样也是以单个家庭经营种植为主，没有大规模种植粮食，导致大规模机械通常并没有使用，小规模机械更为普遍，因此，机械总动力相对于土地的边际影响而言较小一些，统计上仍是显著的。农业劳动力和有效灌溉面积的系数分别为 0.172 和 0.151，说明在湖北省农业劳动力和有效灌溉面积的增加对粮食产量的增长有一定的促进作用。

（2）气候变化的影响。现在考虑气候因素对粮食产量的影响，气温对粮食产量的影响在 1%水平非常显著，根据气温及其二次项的估计结果可以看出气温变化对产量的影响表现为抛物线形式（$-2.555\ \text{lntem}^2 + 26.44\ \text{lntem}$），说明气温变化对粮食作物的产量影响具有最大值，呈“倒 U 形”曲线，这与人们的常识相符。

降水变化对粮食产量的影响在 5%水平也很显著，同气温一样，它对粮食产量的影响也表现为抛物线形式（$-0.0735\ \text{lnrain}^2 + 0.505\ \text{lnrain}$）。类似地，日照对粮食产量的影响在 10%水平显著，日照也存在着对粮食产量影响的最大值。

粮食生长需要稳定的气温、降水和日照，气温过高、降水过少、日照强度过大会引起干旱；气温过低会产生冻害，降水过多则可能导致洪涝灾害的发生（陈波等，2008），对粮食生产带来负面的影响。

第五节　农业天气风险管理现实需求与不足

一、需求的增加与需求主体

根据前述的理论与实证分析，气候变异与极端气候事件会使农作物产量波动幅度增大，与气候相关的自然灾害对农业造成的损失也很严重，再加上中国农业系统本身具有脆弱性，例如农业资源，尤其是土地和水资源的人均占有少，城镇化、荒漠化等的扩展，耕地面积会进一步减少，水资源短缺也是很多地区农业发展的瓶颈，此外，中国在农业的投资方面并不乐观，因资金的限制，我国的投资通常优先考虑其他经济部门，投资于农业的资金较少，农业科技不够发达，技术装备不足使适应天气气候变化的技术实力也很有限，这也使农业的发展受到阻碍。因此，在当前农业面临天气风险较严重的情况下，亟需对天气风险进行有效的转移。

对农业天气风险管理有效路径具有迫切需求的主要是对农业天气风险敏感（即天气变化或异常会给其未来收入带来不确定性）的主体，包括农业生产者、本章前述的对农业生产其他影响中的农业相关产业、农业保险公司或再保险公司等，当然，最主要的主体是农业生产者。在目前天气风险对农业生产影响巨大的情况下，这些主体都强烈需要通过农业天气风险管理的有效路径和工具来规避和转移自身因天气风险直接或间接带来的损失。

二、当前存在的问题

为了缓解这一矛盾，需要加强对天气风险的管理，对农业天气风险进行管理也成为当前亟需解决的问题，但我国的天气风险管理还处于严重的缺失状态。首先，对农业天气风险管理的意识很淡薄，农业经营者很少意识到天气风险能通过科学的风险管理体系进行规避与转移。不过，随着气候异常变化频率的增加以及极端天气事件的频繁发生（郑艳，2012），它们给农业经济带来的巨大损失使人们开始重新认识天气风险。但是，由于还是没有引起足够的重视，农业经营者在面对天气风险时仍然处于被动状态。天气风险管理需要具备一系列专业性与技术性都很强的风险管理程序，但是我国的农业天气风险管理还处于初级的风险控制阶段，天气风险管理体系严重缺失。此外，我国农业天气风险管理的有效路径也很缺失。国外发达国家的天气风险市场发展迅速，天气指数产品等金融创新工具成为了对冲天气风险的有效路径。但我国作为农业大国，受天气风险的影响很严重，目前尚没有推出天气衍生品，天气指数保险也只是处于开发试验阶段，还没有大规模推广运用。这些有效路径的严重缺失使我国农业天气风险管理仍处于天气风险自留与风险控制阶段，并不能很好地规避与转移天气风险，这也使得农业生产经营的不确定性与不稳定性增加，影响了农业的健康、长远发展。

本 章 小 结

在全球变暖的情形下，我国不同地区的天气气候差异较大，天气气候的异常变化给农业造成了重大影响，本章分析了农业面临的天气风险，农业对于天气气候的影响很敏感。具体地，说明了气象条件与农作物生长之间的关系，气温、降水和日照与农作物的生长息息相关；天气气候变化对农作物的产量与品质也有影响；随着气候变暖、极端天气事件频发（张艳，2012），我国面临的主要农业天气风险是干旱、洪涝、风雹和低温冻害等，这些天气风险对农业都造成了严重损失；天气气候变化对农业生产的其他影响包括：影响到农作物病虫害的发生情况、对农业基础设施有影响、对农业相关产业也有影响，甚至影响到农业社会的稳定性。在本章中，使用了1990—2009年湖北省78个县市与粮食相关的生产数据和气候数据，运用经济-气候模型（简称C-D-C模型）分析了包括气候因子在内的各个因素对湖北省粮食产量的影响。研究结果表明，其他各投入要素对粮食产量均具有正向影响，影响大小依次为播种面积、农业劳动力、有效灌溉面积、化肥施用量、机械总动力，技术进步也具有显著正向的作用。平均气温、降水和日照变化均存在对湖北省粮食产量影响的最大值，影响呈“倒U形”结构，说明了粮食生长需要稳定的气温、降水和日照，气温过高、降水过少、日照强度过大会引起干旱；气温过低会产生冻害，降水过多则可能导致洪涝灾害的发生，这些都会对粮食生产带来负面的影响。我国气温、降水等主要带来天气风险的因素变动程度较大，使农业面临着巨大的天气风险，因此，对农业天气风险管理的需求越来越强烈。但我国农业经营者缺乏天气风险管理的意识，天气风险管理的有效路径也很缺失。具体应该如何管理农业天气风险，存在着哪些可行的金融创新路径来管理农业天气风险？下一章将会进行分析讨论。

第四章　农业天气风险管理金融创新可行路径分析

加强天气风险管理能够减少未来收益的不确定性，使农业生产者和农业保险公司或再保险公司等主体的未来收益保持稳定。在全球变暖的情形下，因为我国不同地区的天气气候差异较大，天气气候的异常变化给农业造成了重大影响。农业是国民经济的基础部门，天气风险管理能减弱或消除天气风险，有利于国民经济的稳定运行。此外，由于天气风险市场属于金融领域的市场，发展我国的天气风险市场有利于融入国际金融市场，在竞争中处于有利的位置。

第一节　农业天气风险管理路径选择

一、风险管理流程与方法

风险管理的程序流程见图 4-1（祝燕德等，2006），风险管理的目的主要是降低风险损失，扩大风险收益。当预测风险能够带来收益时，可以采取措施，利用杠杆作用以获得更大的风险收益。降低风险损失主要是从减少对未来的不确定性入手，包括减少这种不确定性的出现，以及对不确定性作出分析和评估，并准备支付一部分成本，用这种确定的当前成本抵消未来的不确定性，使支出和结果在可预测和控制的范围之内。

普遍来讲，降低风险损失的办法包括风险控制、风险融资与内部风险控制，其中内部风险控制是风险控制和风险融资的结合。风险控制采用减少损失的程度或降低损失发生概率的方法以减少损失的期望成本，通常做法是减少相应风险行为的数目或提升相应的预防因风险行为带来损失的能力。但是，减少风险行为的数量虽然能避免一定的损失，却失去了风险行为可能带来的收益。提高给定风险行为水平的预防能力包括主观重视、控制和客观预防设施，通常是进行全面的安全检测和安装安全保障设备，这种方法虽然常用，但是风险控制也只能减少可预防的风险，不能彻底避免风险，也不能减少不可预防的风

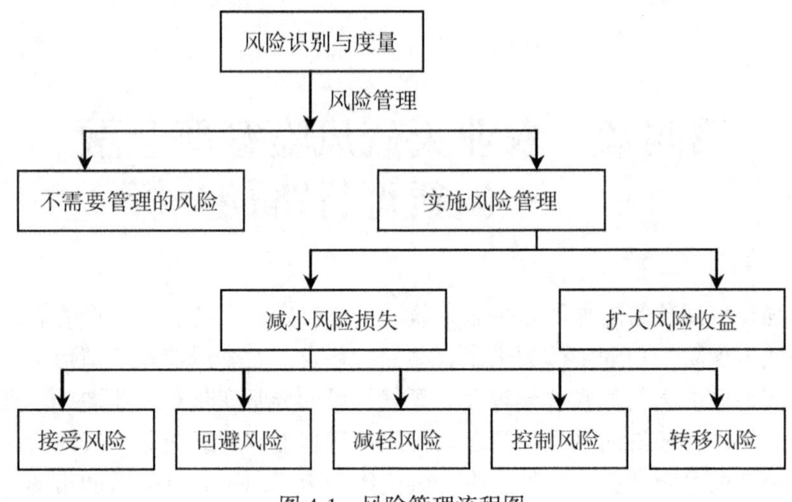

图 4-1　风险管理流程图

险，例如自然灾害等。

风险具有不确定性，也就是说，未来的损失不是必然的，也不是普遍发生的，存在着一定的偶然性和随机性，这时可以利用风险融资的方法进行抵偿。因为在某一范围内的每个个体都面临着出现风险的概率，但最终只有一部分出现损失，可以让该范围内的每个个体根据面临的风险程度和发生的概率支付相应的资金，并汇聚在一起。当其中某个个体发生损失时从该汇聚资金得到全部或部分补偿，这即为风险融资，风险融资获得资金支付或抵偿损失的方法通常包括自留、购买保险、套期保值和其他合约化风险转移方法（曾玉珍和穆月英，2011），可以将这些方法结合在一起使用。

因此，通过上述分析，归纳降低风险损失的风险管理方法，主要有如下几种路径：风险回避（Risk Avoidance）、风险保留（Risk Retention）、风险控制（Risk Control）和风险转移（Risk Transfer）等。

二、天气风险管理适用方法

可以采用上述几种风险管理的方法来降低天气风险损失、进行天气风险管理，但是结合天气风险的特点，以上减少因风险带来损失的方法，存在着一定的局限性。

如果采取风险回避方法，即直接采取措施回避天气风险或不做可能导致风险的事情，会使农业经营活动无法正常开展。风险保留的效率很低，因为自留风险要求具备准确的天气预报、相应的防损设施等，会增加相应的财务成本与机会成本，风险保留适用于受天气影响小、财务能力强的经营者，如果发生大面积天气风险损失，单个经营者将无力应对，风险自留对于农户来说是一种消极、无奈的风险管理方式。天气风险控制则主要是利用气象信息等提前识别将面临的天气风险，如果会产生损失，可以采取措施尽量降低天气风险带来的损失，如果能带来收益，可以利用气象工程技术增加其发生的概率，扩大风险收益（胡爱军等，2007）。经历 100 多年历史的天气预报对短期天气过程的预报比较准确，但三天之后的天气预报，因计算能力的限制、有监测大气资料的不完整以及未充分了解大气运动规律等原因，准确度会随天数的增加而递减。天气风险控制只能在一定程度上控制天气风险，并不能消除天气风险以稳定农业经营者的预期收益。

正是由于风险回避、风险保留和风险控制方法在天气风险管理中的不足，更多人将天气风险管理的重点转向以金融工具为主的风险转移方式上面（杨霞和李毅，2010）。

三、两种金融创新可行路径

自厄尔尼诺现象在 1982 年发生之后，很多专家开始关注天气气候变化对经济造成的影响，金融与保险领域在近年来也创造出了很多工具来应对天气风险，主要包括天气指数保险与天气衍生品。据统计，自 1997 年开始，全球的天气保险和天气衍生品年总产值达到 45 亿。随着人们对天气风险认识的深入，尤其是对于农业这种天气敏感性强的行业，未来天气指数保险与天气衍生品市场的发展潜力会更大，将成为转移农业天气风险的重要工具（蔡丽平，2007）。天气风险转移主要有保险转移与非保险转移两种，非保险转移以衍生品转移为主（胡爱军等，2006）。衍生品与保险产品是天气风险市场的核心，虽然二者有着不同的特征，但目的都是为天气风险转移提供便利。

保险是风险转移的重要技术手段之一（孙南申和彭岳，2010）。保险这种融资型风险转移方式，相比政府资助、社会捐赠等方式而言，资金来源可靠而稳定，能有效帮助恢复正常的生产和秩序（冯科和胡晓阳，2009）。保险转移指客户向保险公司支付保费，以可能会遇到的天气风险作为标的，如果实际天气状况超出了保险公司与用户的约定范围、造成了投保方的损失，保险公司就会向投保方理赔（杨雪美和冯文丽，2011）。保险公司通过评估、精算、厘定费率来确定保险价格，投保方通过购买保单转移了风险，保险公司则通过对不同地区不同行业的承保或者通过再保险来分散经营的风险。通过保险的分摊和补偿机制，天气指数保险能有效应对发生频率低但损失额大的天气风险。

衍生品转移指利用金融衍生品转移风险的功能。传统的金融衍生产品的对象为各类金融工具，不论是期货、期权、远期与互换，还是迅速发展的信用违约衍生产品（CDO），一般衍生品的对应物是资金价格、汇率或信用风险收益等，很少考虑到天气、大气污染等一些不同于传统金融活动的事物。这些在近年来都纳入了金融创新的范围内，最为突出的是天气衍生品的发展。通过金融衍生品的交易，能够将风险加以转移，相对而言，对天气风险的风险转移是比风险控制更为有效的一种天气风险管理路径，这也是天气风险管理重要的发展方向。

第二节　天气指数保险

一、农业保险与天气指数保险

农业生产面临着多元化的风险，包括经济风险、社会风险和多种自然风险，农业生产的主要威胁来自于自然风险，而天气风险又是自然风险中最主要的一种（冯文丽，2008）。我国是农业天气风险发生较高的国家，为有效转移风险，我国政府越来越重视农业保险这种机制。2010 年，中国气象局和国家发改委共同制定的《国家气象灾害防御规划（2009—2020 年）》指出应该“加强气象灾害保险与再保险在气象防灾减灾中的作用，发挥金融和保险对受灾的救助、损失转移和分担的作用”。农业保险是规避农业生产风险的重要途径之一，保险市场具有很高的灵活性，保单可设计用于承保多种天气风险。自 2004 年以来，中央一号文件每年都提到农业保险，在 2004 年的中央一号文件中提到要“加快建立政策性农业保险制度，选择部分地区的部分产品率先进行试点”，至此中国政策性农业保险由理论探讨开始进入实践阶段。中央一号文件对农业保险的重视缘自农业生产对气候条件的依赖较深，农业保险在促进农业发展、增加农民收入方面有着不可替代的作用。

但是，我国的农业保险存在着很多问题，处于萎缩之势，大部分农民并未投保、农业保险公司依靠政府的财政补贴维持着运营。在中国政策性农业保险由试点进入全面实施的过程中，国际上较为先进的一些理念和方法也引入中国，为采用传统农业保险模式的中国政策性农业保险提供了更多可行性方案，天气指数保险就是其中之一。

二、传统农业保险的局限

传统农业保险在推广上常常遇到各种问题。包括初始保费难以支付的情况，这是因为保户的支付能力有限，此外也与财政救援、减免债务和社会救助为主的灾害补偿方式有关，这些方式虽然效果并不理想，却会影响到保户的投保意愿。传统的农业保险既不能为低收入农户提供安全保护，也难以做到公平和符合时宜，这使得这些脆弱人群在遭受损失后严重依赖于救济和救助，但又得不到足额补偿。发达国家运行的是具有政府高额补贴的一切险农业保险模式，这种传统模式适用于经济实力强大，农业生产风险、量化、收入等信息都比较透明的发达国家。但是，高额的保费补贴也会带来一系列问题，增大财政的压力（施红，2008）。发展中国家的财政资源非常有限，难以支付高额的补贴，在农户又缺乏支付能力的情况下，传统农业保险很难得以发展。政策性农业保险的保费补贴比例在我国的一些省份已能够达到发达国家的水平，但实施的政策性农业保险的保障水平很低，仅是保物化成本，不能满足广泛的需求。此外，在中国农业经营规模小而分散的情况下，更强化了传统农业保险定损难、理赔不及时、保险公司运营成本高等问题，使政策性农业保险远没有达到广泛覆盖的目标。

传统的农业保险以农作物的收入或产量为标的，通过勘察和统计标的损失进行理赔。发达国家如美国、加拿大和日本等都采用这种农业保险模式。但是农业风险的一些特征决定了传统的农业保险存在着一定的局限性。

（1）传统的农业保险只适合管理空间独立的风险，不适合转移空间关联的农业保险。农业生产风险具有一定的空间关联性，并不是完全空间独立的，如旱灾风险，所以保险市场并不能很好地管理这类风险。农业生产风险介于空间关联风险与空间独立风险之间，相邻区域的所有农户对天气变化的响应结果可能是相同的，也就是说，农业生产风险的空间单元较大，作为计算保费与赔偿金基础的大数法则就会失效。保险本身是通过不同地域的风险公担以达到风险分散的目的，而损失在空间上的绝对关联降低了减轻风险的可能，增加了保险公司赔付的差异。空间关联性越大，损失就越大，这就导致了传统保险作为风险转移工具的低效用（刘布春和梅旭荣，2010）。

（2）传统的农业保险难以避免道德风险与逆向选择。因保户与保险公司之间的风险信息不对称问题会导致道德风险与逆向选择问题。一般来讲，保户比保险公司更了解自身的风险，包括损失的分布频率，道德风险会影响保险公司和保户的动机。保险合同签订后，因为传统农业保险的赔付依据是农户的收入损失或产量减少带来的损失，在这种情况下，农户可能为了获得赔偿而不积极采取措施去尽量减少风险发生时的损失，而是采取消极的措施加以应对。虽然在农户与保险公司鉴定的合同中有针对这些内容的相应条款，但是这种道德风险的情况还是经常发生，很难采取措施加以规避，在这些情况下，保险公司的实际损失会比预期的要大。在存在逆向选择的情况下，农户比保险公司更了解保费是否能够反映他们所面临的风险，农户若认为自己会承受较大的风险，那么就会积极购买这种保险，风险越大购买量就越大，这会使保险公司面临严重损失。

（3）传统农业保险的管理成本相对较高。其中，部分成本是由于小农户经营模式的缘故，由于每一份保单都需要进行勘察核损，而小农户的数量巨大，因此相应的管理成本也就更高了。此外，保险公司需要尽量减少道德风险和逆向选择问题，就必须要加强对风险监控系统的管理，这样也就增加了相应的管理成本。

（4）传统农业保险市场的失灵除了是因为农业风险的空间相关、道德风险、逆向选择和管理成本较高等之外，也有可能是因为购买保险的潜在人群认知的缺失和保险供给者不清楚额外的保费，尤其是对低频率、损失大的事件的认知。农户通常很难对损失大小、损失频率和保险费率之间的关系加以确定（Kunreuther 和 Pauly，2001），通常低估了高风险、低概率事件的发生。因此，需要加强对这类风险事件的研究工作。由于高风险、低概率事件研究的成本较高，所以需要分析其概率情况，如果采用简单的方法或者数据等资料不完善时，通常得到的会是一种偏度较高的长尾分布，表明风险估计有着一定的不确定性，在这种情况下的保费比能够很好估计情况下的保费要高 1.8 倍（Kunreuther 等，1995），这就产生了农户支付意愿与保险公司可接受价格的契合点问题，使得在高风险、低概率事件保险的提供方面传统农业保险通常是失灵的。

（5）传统农业保险模式也不太适合于发展中国家，农业人口在发展中国家较多，难以负担收入转移。但正是因为发展中国家的农业人口众多，农业以及相关产业的损失对其 GDP 的影响远远超过发达国家，农业生产亟需农业保险这种灾前风险管理工具。发展中国家多为小农户，美国、加拿大等发达国家多为大农户，对传统作物保险而言，小农户的管理成本要高，因此管理成本在保费中会占到较大比例，这些成本会影响保单的营销和服务成本。因此，传统农业保险不太适合以小农经营为主的发展中国家（刘布春和梅旭荣，2010）。

（6）发展中国家传统农业保险的效益与效率问题成为了发展中国家农业保险进入国际再保险市场的瓶颈问题，相比发达国家，发展中国家不太容易进入国际农业再保险市场。对于一个直接保险公司的风险能否在国际再保险公司投保，再保险公司会考察再保险产品的每一个细节，包括保险业务、保险合同设计、费率、道德风险和逆向选择的控制，等等，而发展中国家的农业保险市场还处于起步阶段，很难考察其各项指标，即便能考察，交易成本也会很高。因此发展中国家如果采用传统农业保险模式会很难进入国际再保险市场。

相比区域产量指数保险等传统农业保险，发展中国家更偏好天气指数保险合约，这是因为发展中国家的历史天气数据在质量上比产量数据要高，数据质量的高低是指数保险合约定价的基础；相比于建立一个可信任的程序以估算区域产量而言，建立一个系统测量天气事件的成本要低一些，而且，许多地区农作物的风险损失主要是由降雨量不充足或过多所导致的（Martin 等，2001）。

三、天气指数保险的优劣

天气指数保险在一定条件下，相比传统的农作物保险更有优势。传统的农业保险有着道德风险和逆向选择等问题（Skees，1999），通常需要采取多种措施以规避经营风险，而天气指数保险在这方面的问题较少，主要是因为：首先，单个农户并不能影响指数的值，农户对指数值的熟悉程度并没有保险公司高，这种情况下就不需要制订免责条款等，也不需要限定农户总的投保范围，这与传统农业保险有所区别。其次，天气指数保险能较好地处理系统性风险问题，可以进行再保险，例如一些气象技术可以测量到农业的巨灾风险，将区域性的损失转化成相应的指数，这种指数在国际资本市场上能被接受，进而可以参与再保险。

总结来说，相比传统农业保险，天气指数保险有着合同结构比较标准透明、较低的管理成本、减少逆向选择和道德风险、实用与可流通、具有再保险功能，以及容易与其他金融产品绑定等优势。劣势是存在着基差风险、在进行费率的厘定时需要使用较复杂的精算方法等，在一些发展中国家发展天气指数保险还需要大量的资金投入。除此之外，因气候异常变化的频率增加，精算的稳定性和公平性也受到了一定的影响，如果是小气候的区域，就不太适合推行天气指数保险。具体的分析见表 4-1（The World Bank，2005）。

表 4-1　　天气指数保险的优势和劣势

优　势	劣　势
道德风险少 赔付不依赖于个体农户的实际产量	基差风险 如果指数与实际损失相关不显著，就不是有效的风险管理工具
逆向选择少 保险赔付基于公开、客观的信息，很少发生信息不对称的情况	精确的保险精算 保险公司必须了解基本指数的统计特性
管理成本低 不需要对每个农户进行保险监督	教育与培训 用户需要评估指数能够有效提供风险管理
标准、透明的结构 合同结构统一	市场范围小 发展中国家市场处于起步阶段，需要大量启动资金
实用、可流通性 标准化的透明合同能在二级市场交易	天气循环 被保险的天气事件（如 ENSO）的概率发生变化，破坏了使用天气周期确定的保费精算的公平性
再保险功能 天气指数保险容易用于转移大范围的与农业生产损失相关的风险	小气候 小气候生产条件使保险合同中的天气指数难以量化频繁出现和局地天气事件
多功能性 容易与其他金融服务绑定而推进基差风险管理	预报 对近期可能出现的天气事件信息的了解不对称可能产生间隙性的逆向选择

第三节　天气衍生品

天气风险市场在近年来不断发展，为天气风险管理提供了又一崭新的方式，即利用天气衍生品来转移天气风险。天气衍生品能消除天气风险的影响，这种路径类似于采用期权期货对冲股票、利率和外汇风险。由于天气衍生品作为标准化的合约，具有成本低、交易灵活，甚至能避免农业保险中存在的理赔纷争等特点，也有利于吸引社会资金参与分散农业天气风险，这使得天气衍生品成为转移农业天气风险的有效机制。

天气衍生品合约也属于金融衍生品合约的一种，在合约订立的时候，购买和出售合约的双方可以协商制定合约中的各种条款。天气衍生品合约属于比较特殊的一种金融衍生品合约，因此天气风险市场的经济本质是金融市场中风险管理服务的一个组成部分，有助于经济体系抗御天气风险。

一、天气衍生品与天气指数保险的比较

天气指数保险与天气衍生品本质上都是金融衍生产品，天气指数保险主要用于高风险、低概率的事件，高风险、低概率事件包括飓风等天气灾害事件，也包括降雪量在某些天超过最高标准等一般天气事件；天气衍生品则用于保护低风险、高概率的事件（祝燕德等，2006）。二者在应用上也有一定的区别：首先天气指数保险是用户与保险公司签订的合同，天气衍生品则是用户与交易所或者面临相对天气风险的用户之间签订的合约；其次，天气指数保险是保险公司以天气指标为依据向投保人赔付保险金，天气指标与实际损失之间存在着高度相关关系，天气衍生品则是基于天气指数与合约协定的“执行价格”之间的差异进行赔付。

但是，从不断发展的情形来看，天气衍生产品与天气指数保险产品有着不断融合的趋势，二者之间的界限会逐渐变得模糊。二者互为补充、互相促进，各有优势，均是转移天气风险的重要金融创新工具。

二、天气衍生品标的指数

天气衍生产品的交易标的指数是各种天气变量的指数，当前的多数天气衍生品合约都是基于具体某个城市的气温建立的，是在气温指数基础上的期权、期货、互换等。具体的气温值可以是小时值、每日最高或最低值、日均值，等等，日均值比较常见，很多国家将日均值定义为每日最高温度与最低温度的平均值，一些国家则将日均值定义为温度的加权平均值，每日最高或最低温度测量的时间区间和具体定义在不同国家也不一样，参与天气衍生产品市场时需要具体考虑各国天气变量的测量规则（段兵，2010）。温值（Degree Day）是基于气温的度量值，用于计算某地日平均气温与某一温度（基线）的偏差。取暖指数（Heating Degree Days，HDDs）和制冷指数（Cooling Degree Days，CDDs）用于估算冬季取暖与夏季制冷所需的能源量。在美国，一般认为的基线是华氏 65 度（摄氏 18.3 度），如果日平均气温低于这一温度，可能需要开暖气，此时 HDD 为正数，而 CDD 为零；如果日平均气温高于这一温度，需要

开冷气，此时 CDD 为正数，而 HDD 为零（胡正和董青马，2010）。因此，在每日平均气温低于华氏 65 度（计算 HDDs）或高于华氏 65 度（计算 CDDs）时，才算入 HDDs 和 CDDs。对于任意给定的某日，二者的计算公式如下：

$$HDDs = \sum_{i}^{n} [\max(0, (65 - (T\max + T\min)/2))] \tag{4.1}$$

$$CDDs = \sum_{i}^{n} [\max(0, ((T\max + T\min)/2 - 65))] \tag{4.2}$$

虽然标准 HDD 和 CDD 的基线为华氏 65 度，但处于不同地区时对温度的感觉并不相同，例如某个地区的气温降到华氏 65 度以下，能源提供者就能观测到煤气需求的增加，但是在另一个地区可能降到华氏 55 度以下才能观测到相同的增加，因此公式（4.1）和公式（4.2）可以改写为：

$$HDDs = \sum_{i}^{n} [\max(0, (K - (T\max + T\min)/2))] \tag{4.3}$$

$$CDDs = \sum_{i}^{n} [\max(0, ((T\max + T\min)/2 - K))] \tag{4.4}$$

这里 K 为基线气温，基于它来计算 HDDs 和 CDDs。在加拿大、欧洲和亚洲，气温通常采用摄氏温度度量，在这些地区可以选择华氏基线也可以选择摄氏基线，例如英国气象办公室就提供基于摄氏 15.5 度基线的温值数据。华氏温度和摄氏温度可以通过下述公式进行换算（王政，2012）：

$$℉ = \frac{9}{5}℃ + 32 \tag{4.5}$$

$$℃ = \frac{5}{9}(℉ - 32) \tag{4.6}$$

一些终端客户更偏好采用能源温值（EDDs），EDDs 只是 HDDs 和 CDDs 的累计值，计算公式如下（埃里克·班克斯，2010）：

$$EDDs = \sum_{i}^{n} [\max(0, (K - (T\max + T\min)/2)) + \max(0, ((T\max + T\min)/2 - K))] \tag{4.7}$$

采用 EDDs 的好处是能够提供“全年”的指数给那些对自己每年不受不利夏季和冬季天气影响感兴趣的客户。

HDDs、CDDs 和 EDDs 普遍运用于能源部门时，基于生长温值（Growth Degree Days，GDDs）的指数运用于农业部门。农作物需要一定的热量才能从一个生长阶段发育到下一个阶段，例如气温需要达到一定的水平，种子才能发芽。连续从一天到另一天的生长量为气温的函数，例如，华氏1度气温下的发育期就比华氏3度气温水平下的发育期长，当然气温应在生长临界值之上。

虽然HDD与CDD基线是可以改变的，但是GDD基线却是有明确定义的，因为不同农作物有着特定的生长临界气温以及继续生长所必须要达到的气温水平。针对具体的农作物，确定发育阶段的一个替代指数是累积GDDs，GDDs能确定农作物发育的快慢，计算公式类似于CDDs的计算公式：

$$GDDs = \sum_{i}^{n} [\max(0, ((T\max + T\min)/2 - K))] \tag{4.8}$$

K为计算GDDs的基线气温，即农作物生长必须达到的临界气温。虽然该公式中运用的是每日平均气温，但也可以运用每日最高气温指数或者最低气温指数，尤其是最高气温指数，因为作物生长达到一定的高温时发育会停止。有上限的GDDs也称为修正生长量（MGDDs），计算公式如下：

$$MGDDs = \sum_{i}^{n} [\min(K_2 - K_1), \max(0, ((T\max + T\min)/2 - K))] \tag{4.9}$$

其中，K_2是作物生长的上限气温，在此温度之上作物停止生长。K_1为作物生长必须达到的下限气温。表4-2为国外报道的不同农作物的下限气温（K_1）。

表4-2　**农作物GDD基线气温**

基线气温	相应农作物
40°F	小麦、大麦、黑麦、燕麦、亚麻、莴苣、芦笋
45°F	向日葵、土豆
50°F	甜玉米、玉米、高粱、水稻、西红柿

资料来源：Midwest Regional Climate Center/NCDC, Illinois State Water Survey, "Reported Baseline Temperatures for GDD Computation for Crops and Insects"。

例如，计算玉米的MGDDs，它的基线气温为华氏50度，即开始发育的温度，上限温度为华氏86度，即超过华氏86度时停止生长。按照公式，可以计算给定了每日气温的MGDDs，见表4-3。

表 4-3　　　　**玉米累积 MGDDs 计算示例**　　　　（单位：℉）

日期	每日最高温	每日最低温	日平均气温	每日 MGDD	累计 MGDD
1	70	40	55	5	5
2	85	63	74	24	29
3	90	68	79	29	58
4	95	81	88	36	94
5	70	50	60	10	104
6	60	38	49	0	104
7	72	52	62	12	116

农作物必须具备一定的累积 GDDs 总量才能达到其生长周期的某个点，这对于了解农作物何时产生损失很重要。达到农作物发育特定阶段所需的累积 GDD 值是确定种植时间的关键，不同品种的作物需要不同的 GDD 累积值才能成熟，例如玉米华氏 50 度基线的 GDD 成熟值域为 2600—3300，给定种植日期与“正常”的天气状况，就可以确定可能的收获日期。例如针对霜冻风险，如果种植日期越晚，成熟得越晚，遭遇霜冻风险的可能性就越大，因此了解农作物所需 GDD 累积值对于确定可接受的霜冻风险水平很重要。同样，当农作物已经种植后的 GDD 累积值低于正常值时，可以根据农作物种植后的 GDD 累积值低于正常值的偏差来确定风险的可能值。

虽然基于降水和降雪的降水指数合约不像气温指数合约那样普遍，但降水指数市场正在吸引越来越多的人的注意。因降水可能为液体形式（雨水），也可能是固体形式（雪和冰雹），这使得降水的实际测量复杂化，但标准的测量单位还是很好地建立起来了。美国使用的标准是以英寸和十分之一英寸为基准，公制标准在欧洲、加拿大和亚洲是以毫米和厘米为基准。当降固态雪时，积雪的实际厚度偶尔也作为参考，但大多数报价所采用的指数是降雪量单位或等价的降水量。

要使天气衍生品市场扩大，终端客户市场的增长是基础，也就是使日常业务面临特定天气风险的企业直接进行的交易增加。做到这点的一个途径就是构造反映实际风险的指数或基于这些指数的金融产品，即要求开发出联合指数与用户化指数。许多行业均有其自身特殊的风险，因此标准指数需要在某种程度上用户化。对于某些经营者，风险可能不是天气事件“A”的发生，而是天气事件“A”或者天气事件“B”的发生或天气事件“A”与天气事件“B”同时发生。除了能够有效反映客户的需求外，这些产品相比单个的指数产品而言更便宜，因为赔付的发生需要两个事件的同时发生。例如在农业领域，可以考虑采用联合指数对降雨与结冰气温的影响进行保护，因为如果只是降雨或者只是结冰气温可能不会对农作物造成真正的伤害，降雨伴随着结冰气温的出现就可能导致广泛的损害，这样就很容易构建一个更经济的联合指数，使农户在降雨量超过一定的毫米数、气温降到一定程度时得到赔付。此外，联合指数不限于仅仅是天气因素，也可以考虑一个天气因素与一个非天气因素的联合指数交易，这种双扳机指数结构品可以采用有竞争力的价格提供适当的保护。

除了上述指数，还有其他的基于湿度、水流量、风力等的指数产品，天气衍生品市场还处于相对初级的阶段，新的发展时时有。虽然以上的指数产品可以运用于很多种标准的情况，但为了满足多个行业的需求，构建新产品的机制也在不断变化之中。随着市场的增长，只要存在进行成本收益的基础数据，实际上任何天气风险事件都可以列入考虑的范围（如雾、云、水浪等）。

三、天气衍生品风险管理原理①

天气衍生品的成本比较低，具有广泛的零售基础，市场基础很好。天气衍生品合约中的买方和卖方可以商议相应的合约限制条件和有关条款，这种针对某个具体用户的方式可以显著减少交易的风险，使风险防范的效果更好。客户采用天气衍生品可以解决很多风险管理层面的问题，天气衍生品是天气风险管理的一种创新工具。天气衍生品交易可靠、公平、安全，因为天气数据资料准确可靠，我国大部分国家气候观象台、国家一级气象站都有 50 年以上的数据，在数据来源的可信度与完整性方面比其他产品或金融指数更为完善。天气衍生品转移农业天气风险可以通过两种方式进行：一是农业生产者直接购买天气衍生品来转移天气风险；二是农业生产者购买保险，然后保险公司或再保险公司购买天气衍生品来间接转移农业天气风险（李黎和张羽，2006）。

1. 农业生产者利用天气衍生品规避天气风险的原理

如果担忧气温天气风险给作物产量造成影响，农业生产者这时可以购买天气衍生品气温期货合约以规避风险，例如某农业企业种植了玉米 10 万亩，为

① 本小节只是因为举例的需要，对如何运用天气衍生品来实现农业天气风险管理进行了简要说明，详细的天气衍生品类型和其理论模型参见本书第八章。

避免授粉和灌浆期的高温风险，于 56.3 的点位买入 CDD 指数期货合约 400 手。如果授粉和灌浆期确实出现了高温天气，使该企业每亩减产 3.6 公斤，设定玉米价格为每公斤 1.5 元，共损失 540000 元，这时，CDD 指数在期货市场上也有了一定程度的上涨，该企业将持有的多头期货合约在 57.6 的点位进行平仓，可以得到收益 520000 元（CDD 指数期货合约的乘数是 1000），大致能够弥补现货的损失。

除气温期货外，农业生产者还可以使用降水量期货、风速期货、降雪期货等天气期货（祝燕德等，2006）。若担忧降雨量过多带来的风险，农业生产者这时可以买入降雨量买入期权，对应的卖方可以是雨具供应商等期望降雨量多带来更多收益的企业；反之，若担忧降雨量过少，农业生产者这时可以买入降雨量卖出期权以规避风险，此时的卖方可能为高尔夫球场，因为晴朗的天气对其经营有利。此外，为了规避因气温的过低或者过高给农业生产带来的风险损失，农业生产者还可以购买气温的买入或者卖出期权。此外，互换也是规避农业天气风险的一种途径，如果农业生产者遇到的是低温风险，这时互换的对方可以是旅游企业，因为高温可能会使旅游人数减少，影响旅游企业的收入。互换合约成立后，在气温指数比约定的指数要高时，旅游企业获得了补偿，相应地，比约定指数低时，农业生产者会获得补偿。如果农业生产者遇到的是降雨量过多风险，这时互换的对方可以是水电厂，因为降雨量过少会使水电厂的发电量减少，如果最后降雨量比约定的指数要低时，水电厂会获得补偿，比约定指数要高时，农业生产者会获得补偿。此外，双方的交易减少了各自的风险，增加了行业的预期收入，也提高了整个社会的经济效益，这样的交易不是“零和”（吴海峰，2006）。

2. 农业保险公司和再保险公司利用天气衍生品规避天气风险的原理

农业保险公司和再保险公司如果出售的是旱灾保险，这时可以选择卖出降雨量期货以规避降雨量过少产生的大幅度旱灾带来的经营风险，反之，如果农业保险公司和再保险公司出售的是洪灾保险，为了对冲洪灾发生时带来的经营损失，可以买入降雨量期货。农业保险公司或再保险公司如果提供的是低温保险，可能会担忧气温过低带来的农作物产量减少，在这种情况下，可以买入气温卖出期权，期权合约的对方可能是经营滑雪的公司，较低的温度对滑雪公司的收益有利，这时如果生长温值（GDDs）比约定的要低，滑雪公司会补偿农业保险公司或再保险公司。反之，如果农业保险公司或再保险公司提供的是高温保险，为了防范高温带来的病虫害等对产量的影响，这时可以购买气温买入期权，合约的对方可能是空调供应商，高温对其收入有着有利的影响。

农业保险公司或者再保险公司也可以采用互换的方式对冲其运营的风险，如果担忧的是低温风险，这时互换的对方可能是供热企业，因为低温对其市场需求有利，如果发生了低温风险，农业保险公司或再保险公司会获得赔偿。

本 章 小 结

本章首先概述了风险管理的可行方法，分析了风险自留、风险控制等方法在农业天气风险管理中并不切实可行，在此基础上说明了金融工具能有效转移天气风险，天气风险转移主要有保险转移与非保险转移两种方式，非保险转移以衍生品转移为主，并分别对二者进行了阐述。未来天气指数保险与天气衍生品市场将成为转移农业天气风险的重要工具，衍生品与保险产品是天气风险市场的核心，虽然二者有着不同的特征，但目的都是为风险转移提供便利。接着，本章分析了传统农业保险存在着诸多问题，提出天气指数保险是对传统农业保险的创新，能有效转移农业天气风险，并对天气指数保险和传统农业保险进行了对比分析，阐述了天气指数保险有着合同结构比较标准透明、较低的管理成本、减少逆向选择和道德风险、实用与可流通、具有再保险功能，以及容易与其他金融产品绑定等优势。天气指数保险与天气衍生品本质上都是金融衍生产品，天气指数保险主要用于高风险、低概率的事件，天气衍生品则用于保护低风险、高概率的事件。天气指数保险产品与天气衍生产品有着不断融合的趋势，它们间的界限会慢慢变得模糊，二者互为补充、互相促进，各有优势，均是转移天气风险的重要金融创新工具。本章也对天气衍生品标的指数，以及对农业生产者等主体如何运用天气衍生品来实现其天气风险管理功能进行了具体说明。天气指数保险合同与天气衍生产品合约具体如何设计，并运用于农业天气风险管理？本书将在借鉴国外实践经验的基础上，具体进行实证分析。

第五章　国内农业天气风险管理金融创新产品分析

第一节　我国天气指数保险实践与发展

中国保监会于2012年5月颁发了《关于做好2012年农业保险工作的通知》，特别指出："保险公司应加大农业保险产品的创新力度、拓展保险服务的'三农'新领域，积极研究开发天气指数保险等创新产品以满足农业与粮食生产日益增长的保险需求。"可见天气指数保险的发展在我国受到了重视。2007年7月，联合国世界粮食计划署和我国政府的战略研讨会顺利召开，紧接着世界粮食计划署（WFP）、国际农业发展基金（IFAD）和中国政府对天气指数农业保险方面的技术合作进行了会谈。在共同协商后，于2007年12月三方达成一致，由国家农业部、IFAD和WFP出资成立了"农村脆弱地区天气指数农业保险国际合作"项目，该项目于2008年4月18日正式启动，项目期限为2年，由中国农业科学院农业环境与可持续发展研究所和WFP共同执行（刘布春和梅旭荣，2010）。依托于该项目，在中国农业气象研究领域第一次正式引入了应用天气指数保险管理农业天气风险的理念。

2008年起我国正式开展天气指数保险国际合作项目，通过项目合作，中国专家接收了来自世界银行风险管理研究所专家的培训，了解了天气指数农业保险产品设计的基本原理与方法，以及产品试点应具备的条件和必要的步骤。项目分为背景研究、产品设计的可行性研究、产品设计、产品试点与项目评估共5个阶段，项目的主要成果是设计了安徽长丰县水稻干旱指数保险产品和安徽怀远县水稻内涝指数保险产品。

我国已有天气指数保险试点成功的案例，自2009年开始，一些相关的研究报道开始不断出现。当前已报道的天气指数保险的有关研究包括上海西瓜梅雨指数保险、安徽水稻天气指数农业保险、浙江柑橘气象指数保险和水稻暴雨灾害保险、广东橡胶甘蔗风力指数保险、陕西苹果冻害指数保险、江西南丰蜜橘冻害指数保险（钟微，2013）和龙岩烟叶天气指数保险，等等。成功试点销售的主要是上海西瓜梅雨指数保险、江西蜜橘冻害指数保险和安徽水稻天气指数保险。

一、上海西瓜梅雨指数保险

我国的天气指数保险试点于2007年由上海安信农业保险公司首次推出，同年1月在上海南汇等4个区县进行了试点，承保了西瓜连阴雨指数保险200亩，风险保额达150万元（孙朋，2012）；7、8月梅雨季节在金山进行了试点，承保了露地西瓜8500亩，风险保额达到1275万元；在崇明试点承保露地西瓜500亩，风险保额达75万元；在2008年时计划扩大西瓜降雨指数保险的规模，准备增加蔬菜等天气指数保险的研发（于莹慧，2008）。

西瓜天气指数保险合同设计依据的是不同地区西瓜种植方式的不同以及生长过程中对天气风险敏感程度的不同，保险合同的主要内容是：以西瓜遭受的降雨量及阴雨天数为衡量指标，以特定区域某一时间段内的平均降雨量为标准，如果连续暴雨超过一定的天数，保险公司会按照合同赔付给农户，但不利天气发生后，并不是所有灾害损失都能获得赔付。例如，合同中规定降雨量一个月内超过60毫米就能得到赔付，但是该月中如果只集中在一天降雨60毫米，这种情况就不能得到赔付。

二、江西蜜橘冻害指数保险

江西南丰蜜橘冻害指数保险是由江西气象部门与中国人保财险江西分公司共同研发的天气指数保险产品，选取了蜜橘种植代表县——南丰县作为天气指数保险的试点地。由于蜜橘偏好温暖的气温，如果遇到低温冻害天气，橘农就会遭受很大损失。在搜集南丰县历年各乡镇蜜橘产量与冻害资料的基础上，研究了蜜橘在不同低温冻害下的减产率，参考蜜橘低温冻害指标，设计出蜜橘冻害指数保险的理赔指数，根据蜜橘减产率与气象因子之间的关系，厘定了保险费率。

江西蜜橘冻害指数保险产品于2011年4月推广后得到果农青睐。2012年，南丰县3个乡种植大户31户、专业公司3个和多个散户、专业合作社参与了保险，共有约3万亩蜜橘投保。2012年1—2月，南丰发生了连续低于零下5℃的霜冻天气，给果农带来了一定的经济损失，中国人保财险抚州市分公司按照赔偿标准及时对2个公司、19户橘农赔付了187万元（钟微，2013）。

三、安徽水稻与小麦天气指数保险

根据 WFP、IFAD、中国农业科学院农业环境与可持续发展研究所、国元农业保险公司和安徽气象科研所项目组的研究结果，安徽水稻天气指数保险的具体情况如下（刘布春和梅旭荣，2010）。

1. 主要农业风险和天气风险分析

根据农户调查和当地灾情历史数据的分析，安徽长丰县水稻面临的主要农业气象风险为高温和干旱。抽穗扬花期的高温和生长期任何阶段的干旱都会引起水稻减产，发生在 7 月份的干旱造成的减产最为严重。长丰县的水稻种植都具备一定的灌溉条件，除非发生持续数月的严重干旱，水稻生产才会受到影响。干旱风险分析重点关注的是水稻全生育期的累计降水量，水稻高温风险则主要关注水稻抽穗扬花期间连续数日最高气温的累计值。

2. 指数设计

根据长丰县水稻单产损失和水稻生长期累计降水量、连续数日累计最高气温差的相关性分析，筛选出干旱指数和高温热害指数与水稻单产损失间相关性最好的，作为水稻保险产品合约的天气指数。干旱指数分别是 5 月 15 日到 8 月 31 日的日降水量的累计值和 9 月 1 日到 10 月 15 日的日降水量累计值，具体定义如下（刘布春和梅旭荣，2010）。

$$DI1 = \sum_{May15th}^{Aug31st} P_i \tag{5.1}$$

式(5.1) 中 $DI1$ 是干旱指数 1，P_i 为日降水量，i 为日期，5 月 15 日到 8 月 31 日。

$$DI2 = \sum_{Sep1st}^{Oct15th} P_i \tag{5.2}$$

式(5.2) 中 $DI2$ 是干旱指数 2，P_i 为日降水量，i 为日期，9 月 1 日到 10 月 15 日。

高温热害指数为从 7 月 30 日到 8 月 15 日持续 5 日最高气温均高于 35 摄氏度，并与 35 摄氏度差值的累计值，定义如下：

$$HWI = \sum_{Jul30th}^{Aug15th} (T_i - 35)\text{（当 } T_i \text{ 连续 5 日或以上大于 35℃）} \tag{5.3}$$

其中 HWI 是高温热害指数，T_i 为日最高气温，i 为日期，7 月 30 日到 8 月

15 日。

3. 保险合同的描述

天气指数保险合同的一个关键问题是定义各个指数的阈值。安徽长丰县水稻天气指数保险合同的保险金额为 300 元/亩，纯费率为 4%，合同中各个指数的取值范围见表 5-1。

表 5-1　　安徽长丰县水稻天气指数保险指数

指数	起赔点	最大赔付点	最大赔付值	单位指数赔付额
干旱指数 1	230 毫米	100 毫米	150 元	1. 2 元/毫米
干旱指数 2	15 毫米	0 毫	100 元	6. 7 元/毫米
高温热害指数	8 摄氏度	20 摄氏度	240 元	20. 0 元/摄氏度

实际赔付额按照如下方式进行计算：

（1）从 5 月 15 日到 8 月 31 日的累计降水量低于 230 毫米时，按 230 毫米与该期间的累计降水量之差计算每亩赔付金额，每差 1 毫米赔付 1. 2 元，每亩最高赔付 150 元，计算如下式：

每亩赔付金额= 1. 2×（230-累计降水量）

（2）从 9 月 1 日到 10 月 15 日的累计降水量低于 15 毫米时，按照 15 毫米与此期间累计降水量之差计算每亩赔付金额，每差 1 毫米赔付 6. 7 元，每亩最高赔付 100 元，计算如下式：

每亩赔付金额= 6. 7×（15-累计降水量）

（3）从 7 月 30 日到 8 月 15 日的累计高温差高于 8 摄氏度时，按该期间的累计高温差（不累计 7 月 30 日之前的高温差）与 8 摄氏度之差计算每亩的赔付额，每高 1 摄氏度赔付 20 元，每亩最高赔付 240 元，计算如下式：

每亩赔付金额= 20×（累计高温差-8）

发布和计算的累计降水量和累计高温差均以安徽气象局发布的保险标的所在的气象站记录的数据为准。

此外，安徽省也开展了小麦天气指数保险，依照安徽气象科学研究所的数据，2011 年 3 月 1 日到 4 月 5 日期间，马场湖农场的倒春寒指数为-9. 2，按照小麦天气指数保险合同中的规定，倒春寒指数在小于零下 8℃时开始进行赔付，因此，国元农业保险公司于接到报案 3 日后迅速完成了理赔工作，这是安徽省开展天气指数保险以来的首例赔付（王珊珊，2011）。

四、实践效果分析

（1）上海西瓜梅雨指数保险是我国首个天气指数农业保险，虽然试点的规模并不大，但对于改进传统的农业保险、推进开发新型农业保险，以及充分满足对极端天气气候事件风险转移的保险需求等具有重要的现实意义。

（2）江西蜜橘冻害指数保险在江西气象部门的技术支持下完成并加以应用推广，是人保系统第一个获保监会批准使用的指数保险产品，有较高的科技含量和很强的实用性，该天气指数保险产品 2012 年在中国保险创新大奖评选中被评为“最具创新力保险产品”和“最佳农村保险产品”（钟微，2013）。江西蜜橘冻害指数保险项目丰富了我国的农业保险产品、改进了保险产品的结构，实用性强，扩大了我国农业天气指数保险投保面积。

（3）安徽水稻干旱指数保险产品已于 2009 年水稻移栽前由国元农业保险公司向中国保监会报批并获得批准，当年的水稻干旱指数保险产品销售到 482 户农户，覆盖稻田 1270.78 亩，这是水稻旱灾指数产品在中国的首次销售。安徽长丰县水稻干旱指数产品的成功销售为该种创新产品的扩大规模研发、示范和应用推广奠定了基础。截至 2010 年，安徽省天气指数保险的参保面积达到了 12810 亩，使 1471 户农户获益，保险总额达到 211.2 万元（刘布春和梅旭荣，2010），安徽省天气指数保险的实施、成功试点销售及赔付为我国开展更大范围、更多作物、更多险种的天气指数农业保险研究提供了经验，为扩大规模示范和应用奠定了基础，对丰富我国农业保险产品、增加农业风险管理工具和有效分散与转移农业天气风险有着重要而深远的意义。

五、开展天气指数保险环境分析

1. 不利环境

天气指数保险作为一种创新金融产品，在我国设计开发和推广的过程中还存在着很多问题：

首先，天气指数保险的开发需要具备气象技术、农业技术、金融学和海量数据分析技术等方面专业人员的共同参与，但我国在天气指数保险的开发上还处于起步阶段，难以在短时间内将不同专业人才汇集起来。我国的保险也处于发展阶段，很多边缘学科知识的专业技术人才并不愿意从事保险产品的研究。专业人才的匮乏使我国的天气指数保险开发技术落后，难以在短期内开发出符合市场需求又能带来利润的保险产品。

其次，我国的硬件设施也待改善，例如，一个标准的气象观测站只能覆盖20平方公里的区域，安徽省具有13.9万平方公里的区域，只有81个地面气象观测台站，远不能满足覆盖全省的气象观测需求（黄德利，2010）。因此，需要加强气象观测站点的建设以满足对气象服务信息的需求。

最后，农业生产经营者投保天气指数保险的意识比较薄弱、购买力比较低下、缺乏政府支持、数据资料搜集困难、我国的精算技术落后，等等，这些都是我国开发天气指数保险面临的问题。

2. 有利环境

虽然存在着种种问题，但我国也具有有利的发展天气指数保险的环境：

首先，我国的保险市场不断发展完善，从最初只有中国人民保险公司1家保险公司发展到100多家保险公司，经营主体的多样化保证了市场的充分竞争。

其次，保险市场监管机制也日益完善，保险方面的法律法规也初具规模，包含了经营过程中的各个环节，如准入机制、退出机制、保险合同和保险经营、监管，等等，为保险的有序经营提供了法律依据。

再次，保险经纪公司、代理公司、公估公司等保险中介机构也在不断增加，中介市场逐渐成熟。这些都为开展天气指数保险提供了有利的外部环境。

最后，保监会于2007年发放了文件，要求各个再保险公司、财产保险公司、保监局做好应对极端天气事件的工作，积极开展天气指数保险，以弥补国内在这一块的空白，尽早开发出天气指数保险以满足防范极端天气事件的保险需求（陈磊，2007）；安徽省于2011年年初由国元保险公司与安徽省气象局共同设立了第一个农业气象灾害评估和风险转移实验室，该实验室的建立为安徽省开展天气指数保险的试点提供了有利的技术支持。政策的支持与试点工作的开展，都为天气指数保险的后续发展提供了有利的环境。

第二节　我国天气衍生品市场探索

我国还没有成立天气风险市场，对天气衍生产品的应用与了解也才刚刚起步。在我国，天气风险在各个区域间的差异很大，如果能开发出天气衍生产品，将会有效减少农业面临的天气风险。因此，在我国发展天气衍生品具有广阔的前景。

一、市场探索进展

以大连商品交易所（DCE）为代表的机构率先对天气衍生品进行了系统研究。研究成果主要有：

一是气象指数的搜集与选择、指数城市的搜集与选择方面。DCE 综合考虑了经济发展程度、人口数量与密度、农业生产和能源消费量等因素，选择了我国 70 个大中城市作为代表，深入分析了 30 年中这些城市的气温、降水和霜冻情况，为天气衍生品开发中选取指数和城市提供了依据。

二是合约的设计准则方面。DCE 组织了研究人员赴美国、日本考察了国外的天气衍生品市场，尝试设计出我国的天气衍生品合约与准则（赵彤刚，2006)，且已初步设计出了有关气温的天气衍生品合约。

2006 年 6 月 9 日，DCE 和东京金融期货交易所（TFX）共同签署了合作谅解备忘录，以在相关领域进行合作，共同促进双方市场的发展。

这些前瞻性的研究都为我国天气衍生品的发展打了下坚实的基础。

二、市场发展有利环境

首先，随着金融改革的不断深入和市场经济的不断发展，我国建立了以资本市场、货币市场、黄金市场、外汇市场和期货市场作为主体，市场主体多样化，交易品种、交易场所、交易机制多元化，以及功能和结构完备的多层次金融体系（张亦春等，2009)，这些都为天气衍生品的发展提供了较好的市场环境。我国成立了上海、大连和郑州商品交易所和金融期货交易所，相继成功推出了以商品期货为代表的商品衍生品以及以认股权证、沪深 300 指数期货为代表的金融衍生品。随着股指期货的推出，大量期货公司扩股增资、实力增强，期货市场在不断发展。我国衍生品市场在管理运营、交易机制、监管制度、金融工程创新技术与人才等多个方面都呈现出健康有序的发展，这些都为天气衍生品的开发奠定了基础。

其次，我国自 2004 年以来，相继出台了针对金融衍生品的《金融机构衍生产品交易业务管理暂行办法》；推出的《关于香港、澳门服务提供者参股期货经纪公司有关问题的通知》有利于期货市场的对外开放、推动天气衍生品的开发进程；《期货公司风险监管指标管理暂行办法》的推出为天气衍生品的风险防范奠定了基础（封朝议，2010)。

再次，天气衍生品以天气指数为基础，正因为天气指数的第三方观测性保障了天气衍生品交易的客观性以及不易被操纵的特点。我国的历史气象数据保存得比较完整、规范，我国也拥有上海、武汉、广州、兰州、沈阳和成都六个区域气象中心以及31个省级气象站，农垦、水利、民航、盐业、海洋和航天等部门也有各类专业台站1300个，气象台站的分布密度与观测质量、时效已达到世界气象组织要求的标准（徐怀礼，2007），因此，我国的气象系统能为天气衍生品的发展提供准确和权威的数据。

最后，我国当前的通信网络条件也能使天气衍生品的交易更加便捷，各期货交易所都有各自的电子化交易、清算系统，能在硬件上为天气衍生品交易提供相应的支持。而且，我国的衍生品市场经过逐步发展已形成涨跌停板、限仓、大户报告、逐日盯市和追加保证金和强制平仓等风险控制制度，为天气衍生品的规范发展提供了制度上的保障。

三、市场发展不利环境

虽然我国已具备开发天气衍生品的基本条件，但我国的金融市场也面临着种种问题，包括衍生产品品种较少、交易制度与程序还不是很规范、缺少真正的市场均衡价格、信息披露不完全、市场法律法规和监管不完善等问题，这在一定程度上制约了天气衍生品的发展。因此，在我国发展天气衍生品需要采取审慎的态度，需要循序渐进、集思广益，借鉴和学习国外成功、成熟的经验，结合我国的实际情况进行开发。

本章小结

本章首先说明了我国国内的天气指数保险现状：我国部分地区已开始了相关研发与试点，包括上海西瓜梅雨指数保险、安徽水稻天气指数农业保险、江西蜜橘冻害指数保险、浙江柑橘气象指数保险和水稻暴雨灾害保险、陕西苹果冻害指数保险与龙岩烟叶天气指数保险等，并详细介绍了上海西瓜梅雨指数保险合同的主要内容和试点情况，江西蜜橘冻害指数保险的开展情况，以及在世界粮食计划署、世界银行等机构的支持下，安徽水稻种植天气指数保险的具体情况，包括相关的天气风险分析、指数设计、保险合同描述等，介绍了安徽小麦天气指数保险的首例赔付。在此基础上对上海西瓜梅雨指数保险、江西蜜橘冻害指数保险和安徽水稻与小麦天气指数保险的实践效果进行了评析。最后指出虽然我国开发天气指数保险面临着较多问题，但我国也具有有利的发展天气指数保险的环境；我国的天气风险市场还没有建立起来，但我国已有一定的基础，具备了开发天气衍生品的基本条件。

第六章 国外农业天气风险管理金融创新产品经验与启示

第一节 天气指数保险实践与发展

一、发达国家天气指数保险实践与发展

发达国家较早就开展了天气保险，1999年，日本首次出售了天气指数保险，天气指数保险的独特性吸引了越来越多对天气风险较敏感行业的关注与参与，这些行业包括能源、旅游、建筑等行业，也有更多的保险公司愿意提供这种保险。随着天气保险的不断发展，日本的市场规模每年均比上期增长20%以上，总的规模已经超过了600亿日元，其中代表性的产品是三井住友海上保险公司推出的"樱花险"与"酷暑险"（鞠珍艳，2009）。"樱花险"具体采用的方法是保险公司让气象专家综合考察日本列岛几十年间樱花开放的规律，预测当年的气温和日照时数等相关要素，估计这些因素会对樱花开放时期造成的影响，进而预测开放的时间。客户可以根据预测安排行程，樱花的开放日期如果与预测不同，保险公司会对投保者进行赔付。此外，一些像高尔夫球馆这样的经营机构可以对"酷暑险"进行投保，夏季的异常炎热天气会使顾客人数大幅减少，球馆收入会减少，保险公司负责对投保客户减少的利润进行赔付。

Weather Bill公司是旧金山的一家天气保险公司，是全球首个网络天气保险公司，个人可以通过网站购买他们的保单（牛思力，2012），做法是将电子商务网站和复杂的天气预报分析系统进行整合，然后向公司或个人出售天气保单。客户可通过Google地图选择一个天气状况，选择想要支付的天气，如雨天、干旱等，客户也可设置预期具体的气温、雨雪量等指标，操作方法是登录到"天气账单"公司的网站，给出在某个特定时期内不希望遇到的温度或雨雪量范围。"天气账单"网站会在100豪秒内查询出客户指定区域的天气预报

以及美国国家气象局记载的该地区前30年的天气数据，网站根据气候变化进行精细调整后，会以承保人身份给出保单价格，任何人都可利用这一网站在特定地理区域内购买天气保险。

不仅仅在日本和美国，英国也成立了叫作“普鲁尤斯”（“下雨”的含义）的一家专业气象保险公司替英国日常生活提供各种气象担保；在德国、法国和西班牙等国家天气保险也有了一定的规模（鞠珍艳，2009），这些天气保险给保险公司带来了较好的效益。

将天气指数保险运用于农业方面：在美国开发了降雨量指数农业保险，具体是在农业保险公司评价降雨量和玉米之间相关程度的基础上进行设计的；在加拿大开发了空气湿度指数保险，由农业金融服务公司具体进行了设计，等等。发达国家中天气指数农业保险推广较好的是加拿大，主要有三种保险类型：一是气温保险，如果从某年5月份到首次霜降期间该区域的积温比前几年平均积温低2度以上时，保险公司会对该区域的农户进行赔付，考虑的主要是温度与农作物生长和产量的关联度；二是卫星云图湿度保险，如果当年卫星监测指定地区的空气湿度比过去年份正常湿度水平低90%时，保险公司就进行赔付；三是降雨量不足保险，农户能将不同农作物生长时期的月份进行组合，当年降雨量处于过去年份正常降雨量的80%以下水平时，保险公司会进行赔付（路平，2010）。

二、发展中国家天气指数保险实践与发展

早在二十世纪七八十年代时，世界银行和其他赞助人参与了作物保险项目，但是在发展中国家引进多重风险种植业保险存在着很多不可逾越的障碍，他们因此很快放弃了这一计划。1998年开始，世界银行在尼加拉瓜、摩洛哥、埃塞俄比亚和突尼斯实施指数保险研发项目（Hazell和Skees，1998；Skees和Miranda，1998）。2008年世界银行的William Dick和世界粮食计划署的Ulrich Hess等专家也到中国与中国的专家一起研究开发适合中国的天气指数农业保险产品。如同任何一项创新，一种新的保险产品从研发到试点、推广，要经历其生命周期的每个阶段。一个新的观点，通常会在被忽视了数十年之后才会被逐渐接受，一旦这种观点得到充分验证，就会进入复制阶段（The World Bank，2005）。国际上不少国家正在试点和实践天气指数保险这种创新的保险模式，但要得到广泛的认可以及大范围的推广，还有很长的路要走。

从1998年世界银行在尼加拉瓜、摩洛哥等国家开展天气指数保险产品的研发和试点工作以来，已陆续在乌克兰、印度、埃塞俄比亚、马拉维和秘鲁等

发展中国家开展了相应的工作。印度和乌克兰这两个国家的天气指数保险实践经验已用于埃塞俄比亚、马拉维和南非发展委员会（SADC），因此这些国家在实践天气指数保险方面存在着很多共同点。秘鲁和蒙古的实践则各具特色。通过全球的天气指数保险计划，天气指数农业保险的理念、方法及其试点研究和推广工作正在更大范围内进行传播，各个国家的案例进展见表 6-1（The World Bank，2005）。

表 6-1　**天气指数保险世界银行项目研究案例**

项目	启动年份	状态	风险转移模型的含义
尼加拉瓜	1998 年	2005 年试点	农户购买指数保险直接与贷款绑定，降低贷款利率
摩洛哥	2000 年	没有项目	更有效地转移谷物生产者的风险
印度	2003 年	3 年销售	面向小农户推广天气保险
乌克兰	2002 年	2005 年开始销售	在传统保险法规框架下获准并试点天气指数保险
埃塞俄比亚（微观）	2003 年	2006 年试点	世界银行选择农村风险的综合管理工具，向小农户推广天气指数保险
埃塞俄比亚（宏观）	2003 年	2006 年试点	基于财政资金对天气早期响应的失灵导致负面的处理策略，世界粮食计划署与世界银行合作开展事前天气保险
马拉维	2004 年	2005 年试点	花生天气保险
南非发展委员会	2004 年	可行性论证阶段	安全网的推广促进了食物安全风险综合管理
秘鲁	2004 年	从 2006 年试点	政府采用系统方法处理农业风险
蒙古	2004 年	从 2006 年试点	世界银行通过试点获得牧民是否对牲畜死亡率指数保险支付商业费率的经验；为全面保护金融暴露，与某机构共同支付赔偿
全球指数保险	2001 年	概念阶段	再保险对保险公司、政府、银行微观、宏观保险的中介服务

国际上对天气指数保险多年的实践和理论探索表明，天气指数保险有着合同结构比较标准透明、较低的管理成本、减少逆向选择和道德风险、实用与可流通、具有再保险功能，以及容易与其他金融产品绑定等优势。能在发展中国家逐步从尝试到推广发展，推广得最好的是印度，印度开展的天气指数保险被认为是在发展中国家中最为重要的金融创新，印度开展天气指数保险的时间比其农业收入保险都要早。

在1999年，印度政府开始开展全国农业保险计划，其简称为NAIS（National Agricultural Insurance Scheme）。在2003年，试点的天气指数保险计划开始准许一些私人保险公司通过农村信用社、要素提供者和农业公司等向农户提供天气指数保险合同，主要是IFFCO Tokio（简称为ITGI）和ICICI Lombard（简称为ICICI）两个保险公司。在2007年至2008年期间，印度财政部投入了10亿INR资金以加强对天气指数保险的推广，农业部建议某些地区用天气指数保险取代传统的农业保险（方俊芝和辛兵海，2010）。

在世界银行的帮助下，AIC（Agriculture Insurance Company of India Ltd.，印度农业保险公司）开发了多项天气指数保险，见表6-2，并在NAIS的基础上加以改进，组成了农业天气保险计划（WBCIS）。

表6-2 **AIC开发的天气指数保险项目**

项　目	承保的风险
常规降雨量指数保险	作物生长期内累积降雨量低于正常降雨量的20%以上或7月15日到8月15日间累积降雨量低于正常降 雨量的40%
咖啡降雨量指数保险	咖啡树开花、结果期间的降雨量不足或雨季降雨量过多
葡萄天气指数保险	成熟期时降雨量过多或生长期间出现寒潮与冰雹
苹果保险	成熟期中降雨量不足或生长期内温度出现大幅波动
椰树保险	生长期间发生飓风、冰雹、洪涝、干旱等风险
纸浆树保险	生长期间发生洪涝、飓风、霜冻等风险

资料来源：AIC，http://www.aicofindia.org，2008。

印度的天气指数保险分为两种：一种是由农业保险人开发的保险型天气指数保险产品，包括全国各类主要农作物的降雨指数、经济作物降雨/产量保险和小麦卫星图像保险；另一种是嵌入式天气指数保险，最初由印度的农业信贷机构BASIX于2003年开发，这是由非保险人开发经营的品种，具体地，在设计该种保险产品时，通过分析天气变量与作物产量之间的关系，选取了其中关联度最高的降雨变量作为指数，并依照金融期权结构来设计合同，这种保险产品的组合有着银保一体化的特点（张宪强和潘勇辉，2010）。

在天气指数保险才开始销售的第一年，AIC就承保了147万亩作物，共出售保单12.5万份。从2007至2008年，AIC承保的作物面积达到1476万亩、金额达到170.5亿卢比，售出的保单达到62.7万份，收取的保费金额为13.9

亿卢比，共赔付10.1亿卢比，计算出的赔付率是73.7%，这比传统农业保险79%的盈亏平衡点要低（詹花秀，2007），AIC承担了印度98%的农业风险，其经营能有这样的成果很不容易。Giné等（2007）也评估了在印度运行的14种产品，发现保险赔付的期望值只占到获得保费的1/3，可以看到天气指数保险表现出了稳定的财务状况。

天气指数农业保险在印度的保险费率大概是NAIS传统农业保险的2倍，平均在13%左右，但是因为理赔周期加以缩短，大大增加了理赔的效率，约增加了10倍以上。理赔效率的增加节约了因时间带来的成本，这种保险因此很受农户的欢迎，进而提高了保险参与率（Kelkar，2006）。印度农业保险的覆盖面在天气指数保险的带动下也相应增加，AIC的业务规模在2007年年底相比NAIS期间增长了近50%，因为农业天气保险计划的开展具有重大的贡献，亚洲保险评论杂志于2007年给AIC颁发了年度创新奖（魏华林和吴韧强，2010）。印度政府因为该项目的开展补贴了大量的保费，约为50%，这使得印度政府的财政负担加重，但是随着农业天气保险计划的稳定发展，印度政府取消了在5年内减少保费补贴的打算，反而增加了补贴，并希望通过天气指数保险的开展来提高财政补贴的利用效率。AIC在2007至2008年间收到中央和地方政府9.6亿卢比的保费补贴，农户实际平均支付的费率只占到2.52%。

印度天气指数保险开展的最大创新之处是将天气指数保险与农村微型金融机构结合起来。ITGI和ICICI最成功的地方是利用农村金融机构的网络销售天气指数保险。对于农村金融机构而言，信贷与保险二者之间的互动可以减少交易成本；对农户而言，购买保险可以采取信贷的方式，这有利于生产风险的转移。这种方式对双方都有利，进一步地，还能够促进农村金融市场的发展（谢玉梅，2012）。

第二节　天气衍生品市场发展状况

一、天气衍生品市场产生

天气衍生品产生于能源行业，在1996年，美国刚解除了电力供应方面的限制，电力供应市场出现了竞争的区域性批发市场，在这种因快速解除管制而发展迅速的市场环境里面，能源公司很快意识到天气风险对经营的影响。在新的监管制度下，天气不仅决定了短期需求也决定了长期供给，例如热峰期会增加空调的负载，降雨和山区积雪会增加水电能力，暴风会损害输电线，这些天气事件都会影响电力的流动与价格。在解除管制的初期，天气风险被初次定量，能源公司采取了控制天气风险的措施，并推出了一些新产品，虽然早在1996年就有几单开拓性的交易成交，但当时并没有公开的讨论，没有发挥对市场的启示作用。第一个广为宣传的交易是科赫能源（Koch Energy）与安然（Enron）两个公司以气温指数为基础，根据1997—1998年冬季威斯康星州东南部港市密尔沃基（Milwaukee）的气温进行的交易，这笔交易的主要目的是启动市场。随后在科赫能源、安然和天鹰座（Aquila）公司间的交易引起广泛关注，一个市场由此诞生。

要有效回避与能源需求量变化有关的内部风险，需要更好的流动性，于是越来越多的市场参与者参与进来，包括保险巨头如 Swiss Re，American Re 和 Transatlantic 等都成了正式参与者。随着市场参与者的增加、与估价和资料处理有关主要定量问题的解决，流动性也相应增加了。日本和欧洲在1998年也开始逐步开展天气衍生品交易，基于气温指数的期权期货合约于1999年9月开始在芝加哥商业交易所（Chicago Mercantile Exchange，CME）挂牌进行交易，自此之后，更多交易者进入市场，新的产品也不断引入到市场，流动性的增长率非常可观。

二、天气衍生品市场结构与成长

天气衍生品市场增长很快，在各个行业与各个国家越来越多样化。2001年，美国促进天气风险交易和认知的行业协会——天气风险管理协会（WRMA）委托普华永道公司（Pricewaterhouse-Coopers，PwC）对1997年10月至2001年3月间 WRMA 会员之间成交的天气风险合约量进行调查，结果显示虽然天气风险市场始于1997年的美国能源行业，但它已变得越来越不仅仅是能源行业的市场，而是越来越全球化。例如能源行业在市场参与者中仅占37%，而保险再保险公司和银行分别占37%和21%，剩余5%为其他商品交易者，虽然相比20世纪90年代后期变化很大，但随着其他终端用户例如农业、建筑和娱乐等有代表性的行业在总市场活动中的份额越来越大，可以预计市场将会有更好的增长，流动性也会越来越好。

参与天气衍生品市场的主要是农业、能源、电力、物流等对天气风险、温度敏感的行业。根据2007年的调查结果，主要交易地区分别是北美，占到交易总额的45%；亚洲，占25%；欧洲占29%。在前3位的行业分别是能源、农业与零售，在交易总额中所占的比例分别是47%、14%和9%。虽然交易的地区中，主要是美国在参与，所占比例为58%，但法国、日本、瑞士、百慕大群岛、德国和英国等更多的参与者开始不断参与进来。天气市场的交易活动在较短时间内迅速成长，合约数量与金额也在逐渐增长。

根据 WRMA 的资料信息，世界范围内天气衍生品合约（包括场外交易与 CME 的交易）在 2006 年 4 月至 2007 年 3 月期间交易的总数为 730087 份，与气温有关的天气衍生品合约总值达到 189 亿美元，与降雨和风力有关的合约价值分别为 1.42 亿美元、3600 万美元，可以看到，绝大部分是与气温有关的天气衍生品合约。天气衍生品市场迅速发展的原因主要有：天气风险和金融市场风险的关联度并不高，所以投资天气衍生品有助于分散组合风险；标准化的场内交易促进了市场交易规模的扩大；气候变暖与碳排放等目前是全球经济关注的重点，这为天气衍生品市场的发展提供了动力（谢世清和梅云云，2011）。因为天气风险的识别与模型的估计取决于天气数据的质量和天气数据的可获得性，所以市场的发展也受到了一定的限制；很多人忽视天气风险、没有意识到这些天气风险对冲工具的存在，以及为满足顾客需求设计了一些个性化的产品，导致合约不够标准化，从而影响了合约的流动性，不利于二级市场的形成（Montagner 等，2009），这些都影响了天气衍生品市场的发展。

三、交易所挂牌交易合约

交易所交易天气衍生品的历史始于 1999 年年末，全球最大挂牌交易期货与期权交易所之一的芝加哥商业交易所（CME）推出了天气衍生品合约。CME 着手交易特定的 10 个美国城市，分别是亚特兰大（Atlanta）、芝加哥（Chicago）、辛辛那提（Cincinnati）、纽约（New York）、达拉斯（Dallas）、费城（Philadelphia）、波特兰（Portland）、图森德（Tucson）、梅因（Des Moines）和拉斯维加斯（Las Vegas）的 HDD 和 CDD 期货与期权合约。每张期货合约的最小变动价位是一个 HDD 点或一个 CDD 点，每张合约的价格为 100 美元乘以 HDD 指数或者 CDD 指数，例如 2000 的 CDD 指数对应的合约价格为 200000 美元。由于天气是不可交割的商品，所以期货采用现金交割，CME 以地球卫星公司（Earth Satellite Corporation）作为计算每份 HDD 或 CDD 合约最后结算价的数据来源。地球卫星公司是可以提供每小时和每天气温信息的专业地理信息服务公司，它给能源、农业等行业提供气象信息，在该领域处于世界的领先位置。地球卫星公司将 CME 所选定城市的气温信息通过 ASOS（自动表面观测系统）传递到 NCDC（美国国家气候数据中心），如果传递过程中发生问题，地球卫星公司会进行相应的控制处理，并提供相应的替代数据。与其他公开交易的合约相同，交易开始时只需要押置保证金而不是合约的全部金额，CME 的结算室每天发出保证金的收付命令，收取或退还保证金。

CME 天气看涨期权的买方有权利，但不是义务，以选定的执行价格购买相应的 HDD 或 CDD 期货合约；对应地，看跌期权的买方有权利，但不是义务，卖出相应的 HDD 或 CDD 期货合约。所有的期权都是欧式（European Option）的，也就是到期才能执行。执行价格间的间距也有规定，HDD 为 50 个点，CDD 为 25 个点。在 CME 交易的所有期货和期权都通过交易经纪人进行买卖，进行天气衍生品交易的参与者都必须遵照 CME 提供的合约文本中事先规定的条款和条件。

天气衍生品的交易方式逐渐由场外交易发展到场内交易，当前 CME 天气指数衍生产品的场内交易非常活跃，场外交易却出现了萎缩，主要是因为：场外交易（OTC）中存在着一定的信用问题，在交易所内的交易则不存在该问题，而且，CME 为了交易流动性的提高，为交易提供了多方面的便利。不过，在 CME 交易天气衍生产品时也存在着一些问题需要加以考虑，例如：如果相应的风险产品在 CME 还没有开发出来的话，就仍然要应对相应的天气风险。除此之外，通常需要具备一定的财务能力和在交易所交易的水平和经验才能在 CME 进行天气衍生产品交易。

2001 年伦敦国际金融期货交易所（London International Financial Future Exchange，LIFFE）推出了欧洲三个城市：伦敦、巴黎和柏林的每日气温汇编指数（Compiling Daily Temperature Indexes），随后芬兰赫尔辛基交易所等也陆续开始挂牌交易天气衍生品（谢世清和梅云云，2011）。LIFFE 气温指数的计算方式是：取每日最高气温与最低气温的平均值，然后计算一个月该值的平均值，这就是交易所公布的累积月平均指数。

四、交易惯例

概述了天气衍生品市场各产品的性质后，现在考虑这些产品是如何进行交易的。

1. 交易规模

第一单广为人知的于 1997 年进行的天气交易是基于累积 HDDs 的（Milwaukee，11 月份至次年 3 月份），因此市场最初都集中于冬季交易累积 HDDs，早期交易的大多数规定是在相关的执行价格之上或之下，每 HDD 赔付 5000 美元，最高赔付 2000000 美元（＄2M），这被称为“5×2”交易。冬季来临时，市场继续在 5×2 水平交易季节性（11 月份至次年 3 月份）结构合约，仅在冬季已经开始时做市商才开始通过结构品合约管理其冬季风险，即时间增加一些，金额就增加一些。

早期的参与者来自能源业，因为冬季的天气对美国中西部与东北部的能源经营有很大影响，大多数的冬季交易集中于这些城市，如 Minneapolis，Philadelphia，Chicago，New York，Boston，Detroit，Columbus，Pittsburgh，Washington DC。当夏季来临时，能源公司开始推出 5—9 月份的合约，包括习惯于进行大笔交易的几家保险公司的加入，使 CDD 报价习惯采用“10×2”合约规模（即在相关的执行价格之上或之下，每 CDD 赔付 $ 10000，最高赔付 $ 2M)。随着更多承保者的加入，市场的不断成长，夏季合约采用 10×2 规模的情况下，使冬季交易的合约规模惯例也改为了 10×2，并且这一规模的倍数规模也开始出现，如每 CDD 赔付 $ 20000，最高赔付 $ 4—6M。

虽然基于季节、时间和地点的不同，合约的规模也有所不同，但市场仍将交易惯例固定在对 HDD 采用 5×2，对 CDD 采用 5×1 之上。

2. 交易指数

由于在天气衍生品市场可供选择的指数数量越来越多，概括性的标准交易惯例显然不是很好的办法，从国际层面看，某些一致性正在出现。例如在欧洲的交易采用英镑计价，每一温差值的赔付额等价于数百数千美元，最高赔付额约是美国的 10%—25%，此外欧洲市场集中交易的主要是 HDD 指数而不是 CDD 指数，这是因为天气交易主要局限于西欧和北欧国家和地区（英国、法国、德国、荷兰、挪威和瑞典等)，这些国家和地区的气候不支持 CDDs 的积累，除非将基线气温定在传统的 18 摄氏度以下。

随着希腊、意大利和西班牙等暖温天气国家天气数据的完整性与易得性有关问题得到解决，更活跃的夏季 CDD 市场可能会出现。由于在 CDD 合约上的交易有限，欧洲市场的参与者已经试图通过交易平均气温指数来解决这一问题。例如选择权与互换就是基于平均月气温（或者季度气温）的。相比美国，这些指数在欧洲更为人所知，所以这样的指数被考虑用来作为夏季市场的标准，因此，欧洲强调平均气温交易也是导致 LIFFE 开发基于平均气温指数的原因之一。但是，交易平均气温指数意味着最小的价位变动代表的界限会更高，因为月平均气温指数用摄氏度度量的标准差大约只有 2 摄氏度到 3 摄氏度，如果在行权价格之上或者之下，每摄氏度的赔付额为 100000 美元，总赔付额可能以 400000 美元为上限（离行权价两个标准差)，美国的总赔付额为这个数的数倍（如 5×2)，这种情况下，欧洲倾向的单笔交易量比美国要小得多。在亚洲和澳洲市场，市场总的活动量非常小，经济活动也极为有限，亚洲太平洋市场的特征是单笔交易量非常小，平均每度温差值不过数百美元，真正的交易惯例尚未形成。

第三节 国外金融创新产品经验总结与启示

一、天气指数保险经验借鉴

未来，在发展中国家使用先进的创新技术，能使天气指数保险的成本减少，天气指数保险在发展中国家的开展有着巨大潜力。发展中国家之所以积极推动天气指数保险以转移农业天气风险，是因为天气指数保险产品具有成本较低、能够减少道德风险与逆向选择等优势。我国虽然已经开始了天气指数保险的开发、试点工作，但保险范围还很小，不能够满足市场的需求。国外天气指数保险发展得比较成熟，我国需要借鉴国外成功、成熟的经验，大力开发、创新天气指数保险险种，为转移农业天气风险提供有力的工具。

（1）国外天气指数保险的成功经验显示，许多国家都成立了专门的天气保险公司，这有利于天气指数保险的开发与推广。因此，借鉴国外的经验，我国需要成立专门的天气指数保险公司或者由专门的部门负责天气指数保险业务。这样，就会使经营业务专一，能集中进行天气指数保险的开发与推广，也能培养出更多具备相应业务能力的专业人才，防控天气指数保险给保险公司带来的经营风险。

（2）国外的气象技术很发达，具备完整的监测和预警体系，我国气象技术的落后影响了天气指数保险的开发。因此我国应加强气象技术的发展，充分认识气象信息系统与气象资料的基础性作用，以搜集长期、准确的历史数据；同时也要提高气象站的覆盖率，为开展天气指数保险提供有力支持。

（3）由于天气指数保险针对的是特定区域，且每单位 SUC（Standard Unit Contract）的保费与赔偿金都是相等的，在此情况下，保险公司就很难分散自身的风险。因此，保险公司可以考虑开展跨地区经营业务或者与农户签订长期合同等方法以在时间和空间范围内分散风险，也可以通过再保险或者与其他金融衍生品相结合的分式来分散风险，甚至可以进入天气衍生品市场以分散其承担的天气风险（李鑫，2008）。

（4）可以参考国外产品的开发经验，发展保险与信贷相结合的银保模式，由农村信贷机构来代销天气指数保险产品，提供一体化的信贷—保险农业金融服务。这样既能扩大天气指数保险的覆盖面和规模效应，也能提高小额信贷机构对农户信贷的供给，天气指数保险则能帮助农户规避农业风险，这也为归还信贷提供了保障（方俊芝和辛兵海，2010）。2012 年 12 月 31 日发布的中央一号文件中也提到了应“加强涉农信贷与保险协作配合，创新符合农村特点的抵（质）押担保方式与融资工具”，上述提到的这种银保模式具有很多优点，对双方都有益处。

二、天气衍生品开发经验借鉴

天气衍生品的开发涉及指数城市的选取、产品的种类、合约的规格和期间、交易清算规则、监管制度等复杂的工作。虽然可以借鉴国外成功、成熟的经验，但也不能盲目地生搬硬套，需要结合我国的实际情况进行开发，例如在城市的选择方面，数量应该比较恰当，数量过少时会缺乏选择，数量过多又会分散市场的流动性，需要根据发展水平等多种因素进行具体确定。

（1）指数的设计应当是市场需求导向型，根据 DCE 等机构的考察结果，我国各地的气温差异较大，对农业的影响面广。国外主要的天气衍生产品是基于气温指数的，在我国可以首先设计气温指数天气衍生品合约。国外大多采用华氏度来计量气温，我国通常采用的是摄氏度，因此在计算气温指数时采用摄氏度更符合我国的实情。

（2）根据国外天气衍生品的发展状况，指数城市的选择也是天气衍生品开发的重要环节。选择天气指数城市时，一般需要考虑人口数量与密度、经济发展水平、是否具备准确获得气象数据的条件等因素。DCE 通过综合分析各种因素，认为应首先推出哈尔滨、北京、上海、广州、武汉和大连 6 个城市的气温指数。我国天气指数城市的选取可以参考这一研究成果。

（3）按照现行 CME 期货合约的规格设计我国的天气衍生品并不是很合理，因为 CME 合约规格过高，对我国投资者而言，相应的保证金也过高了，不利于吸引投资者和增加市场的流动性。例如，CME 的 HDDs 期货合约中，1 单位 HDD 的变动为 100 美元，如果 HDD 值为 200，每份合约的名义价值就为 20000 美元。按国内期货交易平均保证金为 5% 计算，保证金金额为 1000 美元，这一合约规格就偏高了。所以，在我国可以将天气期货的名义价值定为 100 倍 HDD，并以人民币为单位计算，最小价格变动为 1 单位 HDD 为 100 元人民币。当 HDD 值为 200 时，合约的名义价值达到 20000 元人民币，采用 5% 的保证金率，保证金金额为 1000 元人民币，这比较符合我国期货交易的保证金水平。

（4）天气衍生品在国际发展历程上经历了由场外交易到场内交易的变化，对我国而言，需要借鉴国际经验，也应符合我国实情。我国应首先发展场内交易，因为我国的衍生品市场还处于初级阶段，法律、法规不够健全，场外交易得不到法律保护，并且信用评级制度不完善、运作也不规范，场外交易缺乏交易对方的真实信息，没有第三方进行担保、交割和清算（郭俊梅，2008）。这些都使场外交易有着低效率、流动性风险、信用风险和信息不对称等问题，因此我国不具备场外交易的条件。

本章小结

本章首先分析了国外利用天气指数保险转移天气风险的状况。发达国家较早就对天气指数保险进行了设计，将其运用于农业天气风险管理；在世界银行、世界粮食计划署等机构的支持下，发展中国家也陆续开展了天气指数保险产品的研发与试点工作。天气指数农业保险在发达国家中推广得比较好的是加拿大，发展中国家是印度，本章均对其进行了相应介绍。国外天气衍生品市场起步早、发展成熟，本章介绍了天气衍生品的市场结构与成长情况、交易所挂牌交易的合约、交易惯例等情况。

在分析了国外实践经验的基础上，结合我国的具体情况，本章最后分别针对天气指数保险与天气衍生品，提出了相应的经验启示。针对天气指数保险方面，需要成立专门的保险公司、加强气象技术的发展、发展银保模式，等等；天气衍生品开发方面，可以首先推出哈尔滨、北京、上海、广州、武汉和大连6个城市的气温指数，率先设计气温指数天气衍生品合约、首先发展场内交易等。结合这些分析，本书将在下一章开始具体运用这些经验启示，设计适合我国的天气指数保险合同和开发天气衍生产品合约以转移农业天气风险。

第七章　湖北省稻谷生长期天气指数保险合同设计

第一节　合同设计中需考量的问题

一、指数选取标准

在天气指数保险中，作为替代实际勘察损失、理赔依据的指数必须具备一些特殊的属性，选取的指数需要与收入和产量具有高度相关关系，而且应是天气指数保险合同中双方信任的指数，指数应该是能够获取的、客观的、可靠的（Ruck，1999）。总的来说，合适的指数应符合的标准包括：可获取的、客观的、明确的、能够持续获取，等等。

大部分国家的气象数据都是从其气象站获取的，气象站的数据基本都符合上述标准，因为气象站观测和记录数据的过程和程序一般都符合世界气象组织的要求，特别是对于那些参与到全球数据交换的气象站，因此，可以以此作为天气指数保险中的指数。

二、可选天气变量

农作物的生长以及产量形成都与气温、降水等天气因素有着密切的关系。气温过高会使作物遭受高温热害，气温过低会导致低温冻害的发生；降水过多会造成洪涝灾害，降水过少又会引起干旱。这些情况都会导致农作物减产，造成损失。因此，在开发天气指数农业保险产品时，选取的天气变量通常是作物生长期间气温、降水等变量的累积值或平均值。此外，作物生长不仅仅与气温、降水密切相关，与日照、湿度、风力等天气变量也有一定的相关关系，例如如果日照不充足会影响到开花授粉、湿度过高容易产生病虫害影响到生长等。

因此，需要综合分析影响作物生长的天气变量，以最终选择确定单个变量或者多个变量。考虑到天气指数保险应该尽量简易、具有可操作性，以及数据获得的难易情况，大多数天气指数保险采用的都是气温和降水两种变量。

举例来说，以印度花生生长期降雨量指数保险作为例子，首先将生长期划分为3个时段（Hess，2003），分别是：种植生长、开花结荚、灌浆成熟，时间分别是从6月10日到7月14日、7月15日到8月28日、8月29日到10月2日，通过分析显示累积降雨量与花生生长的关系最为密切，因此，最终选取在各个时段的累积降雨量作为天气指数保险中的变量。

很多国家开始布局成本更低的自动气象站，高精度卫星遥感技术的使用也使可测量到的天气变量变得更多，也开发出了更多类型的天气指数保险合同。指数保险具体的例子（Dischel，2001；Ruck，1999；Skees，2001）有：一年中不同时期的降水过多或降水缺乏；风力不足或风灾，热带天气事件，如台风；各种气温的测度，海温，与厄尔尼诺和拉尼娜有关的ENSO；甚至是空间天气事件，如地磁暴；也可以设计综合天气事件的合同，例如雪和气温。因此，天气指数保险的应用对于应对农业天气风险意义重大。

三、天气指数保险赔付触发原理

天气指数保险合同与一般的保险合同有一定的不同之处，合同依据起赔点（Trigger）、单位指数赔付额（Tick）和最大赔付点（Exit）这3个关键值进行理赔，这3个值为合同期内一定时间范围内天气变量的值。此外，依据购买者的实际需求，可以灵活确定合同中的指数和其相应的值。图7-1为保险合同赔付条件为降水亏缺量指数的理赔情况示意图。

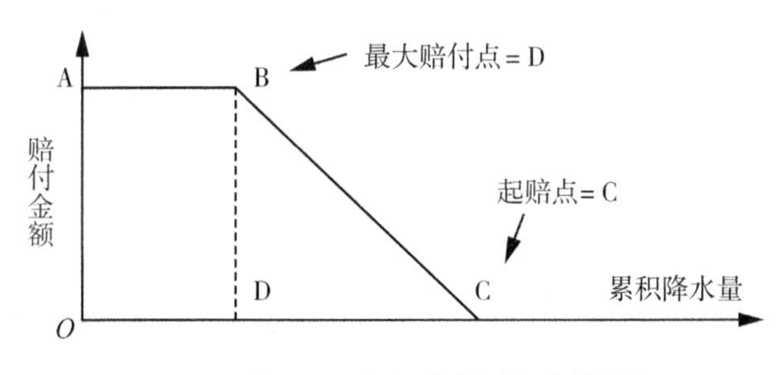

图7-1　降雨量天气指数合同的赔付结构

保险理赔的指数为累积降雨量，在图7-1中显示了降雨量C为起赔点，D为最大赔付点，赔付金额为购买保险责任的函数。其中，起赔点降雨量C与最大赔付点降雨量 D 之间有 C 减 D（设为 E）个单位，如果购买保险的金额为 A，累积降雨量在 D 与 C 的范围间时，单位降雨量指数的赔付金额是 A 除以 E，即 A/E，在降雨量低于 D 时赔付金额达到最大值，为 B（B= A）。

在已知每单位降雨量指数的赔付额，以及起赔点和最大赔付点的情况下，不难算出应该赔付的金额，假设降雨量值为 F（D<F<C）时，赔付指数一共有 C 减 F（设为 G）个单位，此时的赔付总额为单位降雨量指数应该赔付的金额 A/E 乘以 G 个单位，即（A/E）×G。

四、基差风险

（1）减少基差风险是设计天气指数保险产品重点考虑的问题。对大多数保险产品而言，可保险的前提是损失单元之间是不相关的（Rejda，2001），而对指数保险，可保险的前提是风险具有空间相关性，因此天气指数保险能适用于农业灾害损失空间关联的情况，弥补了传统农业保险产品的不足。比如传统农业保险产品通常不包括旱灾保险，旱灾发生时的损失空间很大，天气指数农业保险完全可以为旱灾承保。但是指数保险合同并不适用于所有农业生产者，它也有自己的使用范围。农业保险的基本目的是转移农业生产中的风险，自然灾害尤其是气象灾害占据了农业生产风险中的大部分。根据天气指数保险的定义，天气指数是传统农业保险中依靠农户收入或产量进行定损和理赔的替代测度依据，这决定了天气指数保险能起到很好的替代作用。但是，由于实际上决定农作物产量的因素很多，除天气变量外还有农业基础设施、投入等各种要素，理论上来说天气指数并不能完全替代农户产量或者收入作为农业保险产品理赔的依据。而且，即便是针对天气变量本身，一个地区的气象站数据在空间上的代表性也是有限的，一个气象站的数据通常能代表 15 至 20 千米范围内的天气情况，但如果气象站点的空间分布达不到产品设计的需要，就会产生天气指数的适用性问题，如果不适用就会导致基差风险（Basis Risk）。

（2）在地形、土壤、气候条件等要素差异大的区域，基差风险可能会很高，天气指数保险不再适用于该地区。基差风险是指指数的赔付与实际损失的不匹配，也就是说存在产量或者收入的损失，但是得不到赔付，或者没有产量或者收入的损失却得到了赔付，或者赔付的金额大小与实际损失程度的不一致（The World Bank，2005）。通常来说，区域的环境要素（包括地形、气象和土壤等）和农业生产条件的空间分布越均匀时基差风险就越低，天气指数越接近投保的农业天气指数事件，该指数作为风险管理工具的效果就越好。例如在湖北地区，一般一个县只有一个气象站，假设以稻谷生长期累积降水量来设计稻谷旱灾指数保险产品，如果以县气象站的降水量数据作为赔付依据，当降水量低于一定的阈值时会触发干旱赔付。但是县气象站降水量数据只能代表 15 至 20 千米范围内的降水量，降水的空间分布是不均匀的，并且相同降水量情况下由于不同地形的土壤水分条件差异较大，即便是同样的旱灾指数值也不能表示不同的旱灾损失，这就形成了天气指数保险产品的基差风险。如果农作物生长在特殊的小气候环境，不完备的产量信息和气象信息以及它们之间相互关系的不确定性都可能产生或增加基差风险。为了避免大气候在光能、热量和水分等环境因素方面的限制，作物生长中经常会利用小气候资源以达到高质优产的目的。山地因为山脉的地形差异，例如海拔、迎风坡或背风坡、向阳面或背阴面等营造出典型而复杂的小气候环境，使得在不同空间分布下的作物光照、温度和水分等气候条件的差异很大。如果山地气象站的分布较少，那么仅采用县级代表站点数据设计的天气指数保险就很难与山地农作物的天气指数相匹配，会不可避免地产生基差风险。

（3）完备的数据对减少基差风险很重要。通常长时间序列和国际标准化气象台站的数据较容易获得，而县级以下的作物产量数据很难获得，尤其是在发展中国家，如果产量数据有限，就很难建立天气指数与有限产量数据间合理的统计关系，从而增加了基差风险。如果样本量很小，基于小样本的回归关系都可能增加保险合同设计的复杂性。为了减少或者避免天气指数保险产品的基差风险，天气指数农业保险产品更适用于地形、土壤、生产条件等比较均一的地区。此外，指数的高度局地化或者在保单中写明只对最极端的损失事件进行保险都可以降低基差风险的可能性（刘布春和梅旭荣，2010）。

（4）天气指数保险适用于保户和保险公司获取信息对称的情况下。如果保户对标的损失的可能性和损失大小信息的了解程度比保险公司多，可能会导致保险公司的损失，不利于天气指数保险产品的推广。如果保险公司在不了解天气风险可能发生的情况下销售保单，农户就可以根据自己的预测有选择地购买天气指数保险产品，这种逆向选择的情况会导致保险公司较大的损失。因此农户对天气气候规律和预报的掌握，使农户可以有选择地购买天气指数保险而获得收益，保险公司在投资天气指数保险时，对天气预测信息的了解程度需要与农户相当，否则这些天气预测信息可能会改变规定中的损失概率，进而不可避免地产生间歇性的逆向选择，使天气指数保险产品不具有可持续性。解决的办法是产品销售的截止期限须先于能够预测天气的日期，保险公司也必须有规章和体系，避免超出了销售日期而没有设计保险条款（The World Bank，2005）。

（5）指数保险与贷款绑定是降低基差风险的一种好方法（The World Bank，2005）。农户从银行贷款的同时也购买了天气指数保险，银行从贷款中扣除部分款项代农户缴纳保费。由于银行承担了缴纳保费的风险，所以贷款利息中包含了这部分风险，因此这种贷款的利息高于普通贷款的利息。如果实际发生了可触发指数赔付的风险损失，保险公司按照合同将赔偿金赔付给银行而不是农户，农户按照指数赔付的大小即损失的大小偿还贷款本金与利息。当遭受严重的损失时，可能只偿还银行部分的本金或者不偿还；当遭受中等损失时，可能只偿还本金；没有损失时需要连本带息一起偿还。因此，实际上就是农户采用好年景时支付的贷款利息平抑差年景时的损失，农户的损失与得到的补偿就比较一致，因而降低了基差风险。在印度，花生旱灾指数保险产品与贷款绑定的试点与销售获得了成功（Hess，2003）。

（6）设计天气指数保险产品，需要平衡基差风险与交易成本。不管是何种保险产品，最重要的问题是如何对其监测和管理，使道德风险和逆向选择最小。为了实现这一目标，使用共保和免责条款能便于被保险人分担风险，以及减少由于过度覆盖产生的失误。为量身定做保险产品以及减少保险合同的基差风险而获取相应的信息是必要的，但是信息收集或检测的增加会使交易成本增加，而高的交易成本会直接转化为保费。天气指数保险能显著降低交易成本，还可以在不引进共保以及免责条款较少的情况下签订保险合同。当农作物产量与指数高度相关时，提供高保障所转移的风险会超过各种多风险作物保险产品转移的风险（Barnett et al.，2005）。平衡基差风险与交易成本意味着需要设计可持续的保险产品。完全避免基差风险是不现实的，也就是说人们在风险转移的各个层面都必须接受一定程度的基差风险，这样保险产品才可持续并可支付。有基差风险保险产品的成本可能显著低于没有基差风险但却有较高交易成本的产品，这些高额的交易成本是为了设计产品时避免基差风险而产生的（The World Bank，2005）。

第二节　湖北省稻谷生长期降雨量指数保险合同设计

一、湖北省农业天气风险状况

湖北省是农业大省，素有“千湖之省，鱼米之乡”的美称，处于南北过渡地带，属亚热带季风性湿润气候。农业气候资源有南北相兼以及多宜性的特点，年均气温15—17℃，年均日照时数1200—2200h，年降水量800—1600mm

(范修远，2010)。但是湖北全省农业气候资源的时空、地域分布差异很大。历来是南涝北旱，农业生产受天气风险影响很大。稻谷是湖北省最主要的粮食作物，根据2010年《湖北农村统计年鉴》，稻谷产量占粮食总产量的68.94%。气候变化引起的各种气象灾害是稻谷产量变化的首要原因，不充足、不均衡的降雨引起的干旱、暴雨等都会导致其严重的产量损失（陈新建，2009）。

二、累积降雨量指数保险合同设计思路

本书严格按照天气指数保险合同的定义来设计保险合同，即在事先确定的范围内、以事先约定的天气事件为基础确立损失赔付的合同。本书设定每份保险合同在年初签订、年末进行赔付。保险合同中会事先约定基础条件，如果当年的天气条件好于这一基础条件，保险公司就无须进行赔付；反之，如果当年的天气条件比这一基础条件要差，保险公司就需要对购买者进行赔付。

对稻谷生长期（湖北地区为3月到10月）累积降雨量指数保险合同，按照前述天气指数保险合同的形式及稻谷生长期，根据湖北地区降雨量与稻谷产量之间的关联度，来确定保险赔付金额。

对于干旱指数保险：当降雨量不足规定的起赔点时开始赔付；被保险人会根据实际降雨量与起赔点之间的差额获得相应的赔付；当降雨量达到最大赔付点时，被保险人将获得最高赔付。对于暴雨灾害指数保险，情况有所不同：当降雨量超过规定的起赔点时开始赔付；被保险人根据实际降雨量与起赔点间的差额获得赔付，降雨量达到最大赔付点时获得最高赔付。

三、模型建立

与本书第三章实证模型类似，同样在传统生产函数的基础上引入气候因子，构建综合考虑了气候因素和经济因素的模型，采用湖北省78个县市20年（1990—2009年）的面板数据研究稻谷产量与天气指数之间的关系。不同的是，为设计稻谷累积降水量指数保险，采用的解释变量中，气候因素是稻谷生长期的气温、降水和日照，具体为生长期内每日气候因子数值的累积。模型的具体形式为：

$$\ln y_{it} = \alpha_i + \beta_i \ln x_{it} + \mu_{it} \tag{7.1}$$

其中 $i = 1, \ldots, 78$，为横截面中样本点的数量；$t = 1, \ldots, 20$，为时期数；解释 x 包括播种面积、农业劳动力，有效灌溉面积、机械总动力、化肥施用量，还有上述气候因子。除了各主要投入要素之外，引入时间趋势项 t 以体

现技术进步对稻谷产量的影响。

在该模型中，同样对指标进行了处理：除了播种面积，其他各个投入要素并不仅仅用于稻谷上面，为衡量对稻谷的要素投入量，近似稻谷生产中各个县市具体的农业劳动力、化肥施用量和机械总动力，以及有效灌溉面积大小，参照大多数学者的做法（周曙东，2010；Rainer Holst 等，2011），一些主要变量的处理如下：化肥投入量=化肥施用量×（稻谷播种面积/农作物播种面积）；灌溉投入=有效灌溉面积×（稻谷播种面积/农作物播种面积）。

对于农业劳动力和机械总动力，也认识到这些投入要素大量应用于整个农业部门而不仅仅是作物种植上。因此，对它们进行再次调整，将农业劳动力和机械总动力再乘以作物总产值占农业总产值的份额，即：农业劳动力投入量=农林牧渔业从业人员数×（农业总产值/农林牧渔总产值）×（稻谷播种面积/农作物播种面积）；农业机械投入量=农业机械总动力×（农业总产值/农林牧渔总产值）×（稻谷播种面积/农作物播种面积）。

四、模型估计与结果分析

本书采用湖北省 78 个县市的面板数据，能显著增加样本空间，提高自由度，提供更多的个体信息，使估计结果更准确。首先运用 Stata 软件分别采用混合回归、固定效应模型（FE）、随机效应模型（RE）和 FGLS 对模型进行估计，结果见表 7-1，其中混合回归、FE 和 RE 都使用了聚类稳健标准差，FE 和 RE 的估计结果较为接近。但是，不论是 FE 与 RE，还是混合回归，估计效果均不是很好，采用 FGLS 的估计结果最为稳健。

表 7-1 **稻谷生产模型的估计结果**

稻谷产量（lnoutp）	(1) 混合回归	(2) 固定效应	(3) 随机效应	(4) FGLS
有效灌溉面积（lnirr）	0.0865**	−0.0871*	0.0409	0.0657***
	(3.19)	(−2.52)	(1.40)	(6.02)
化肥施用量（lnfer）	0.189***	0.0990***	0.137***	0.129***
	(6.65)	(5.39)	(5.83)	(10.70)
农业劳动力（lnlab）	−0.0312	−0.0122	−0.0174	0.0815**
	(−0.74)	(−0.36)	(−0.57)	(2.89)

续表

稻谷产量（lnoutp）	(1) 混合回归	(2) 固定效应	(3) 随机效应	(4) FGLS
机械总动力（lnmec）	0.0412	0.0159	0.0206	0.0407***
	(1.45)	(0.92)	(1.14)	(3.35)
播种面积（lnarea）	0.740***	0.735***	0.740***	0.711***
	(10.85)	(13.74)	(12.17)	(26.80)
累积气温（lntem）	−0.486	0.342	0.559*	−0.609***
	(−1.34)	(1.50)	(2.53)	(−6.10)
累积降水（lnrain）	−0.142***	−0.0192	−0.0333*	−0.0562***
	(−5.00)	(−1.52)	(−2.32)	(−3.67)
累积日照（lnsun）	−0.0418	−0.114**	−0.133**	−0.0179
	(−0.66)	(−2.90)	(−3.02)	(−0.88)
时间趋势项（t）				0.0145***
				(5.02)
常数项（_ cons）	14.46***	6.241**	3.652	−12.40*
	(3.72)	(2.84)	(1.74)	(−2.19)

注：*、**、*** 分别代表在10%、5%和1%的显著水平。

对面板数据进行组内自相关、组间异方差和组间截面相关等相关统计检验，检验结果见表7-2。

表7-2　**稻谷生产模型检验结果**

检验内容	检验结果
组间异方差检验	chi2 (78) = 78073.85; Prob>chi2 = 0.0000
组内自相关检验	F (1, 77) = 26.571; Prob > F = 0.0000
组间截面相关检验	Pesaran's test of cross sectional independence = 70.219; Pr = 0.0000

检验结果表明，沃尔德检验强烈拒绝“组间同方差”的原假设，即认为存在着“组间异方差”；同时，也强烈拒绝“不存在一阶组内自相关”的原假设；表 7-2 只列出了 Pesaran 检验，事实上，Friedman 和 Frees 检验的 p 值均小于0.01，故强烈拒绝“无截面相关”的原假设，认为存在着组间截面相关。考虑到上述检验结果，以及模型最终的估计结果，模型估计选取了 FGLS 估计方法，该估计方法能较好地解决上述问题，使模型估计结果更为稳健（陈强，2010）。

根据 FGLS 的估计结果分析气候因素对稻谷产量的影响，可以发现累积气温与累积降水对湖北省稻谷产量均有着负的、非常显著的边际影响，累积日照的结果不是很显著。同时也发现累积降水的影响系数是-0.0562，在 1%的水平下统计显著，因为分析的是全省的情况，总体上而言，累积降水过多会减少稻谷产量。因湖北省地区差异性较大，采用这样总体的数据不具有针对性，不能反映具体区域的实际情况。因此在设计累积降雨量指数保险合同时，本书将针对某个具体的风险区域进行设计。

湖北省具有南涝北旱的情况，北纬 31 度以北地区，荆门、襄阳、十堰一线“十年九旱”，年降水量仅 800mm 左右，干旱情况严重。而 31 度以南区域，江汉平原、咸宁等地区“十年九涝”，年降水量达到 1800mm 左右，为暴雨集中区域，每年长达一个月的梅雨期（范修远，2010）。暴雨过多会引发洪涝灾害使稻谷受淹、强降水和伴随的大风会使水稻倒伏等，这些都会影响产量（娄伟平等，2010b）。

鄂东北重旱区包括孝感等地区，是湖北省大旱出现最多的区域；鄂西北、鄂北干旱频繁区的范围主要包括十堰地区和襄阳市，全区多为山地、丘陵和岗地，因位置偏北、受夏季风的影响较小，加上山脉对夏季风的阻挡与气流下沉的作用，成为全省雨量最少的区域（李文芳，2009）。因此，本书选取孝感、随州、十堰、襄阳市及其辖内各个县市（共 23 个县、市）的面板数据设计干旱指数保险合同；选取江汉平原区域和咸宁市及辖内的面板数据设计暴雨灾害指数保险合同（江汉平原主要包括荆州区域、仙桃、潜江、天门市等，考虑行政区划的变更，加上咸宁市及其辖内各县市，一共有 15 个县、市）。

与对整个湖北省 78 个县市的估计过程和方法相同，这里同样也采用 FGLS 对这两组面板数据分别进行估计，只是将被解释变量变为稻谷单产，相应的解释变量仍包括农业劳动力、化肥施用量、机械总动力和有效灌溉面积，以及各个气候因子，解释变量的处理方法与前述相同（龙方等，2011）。解释变量中累积降水量的估计结果见表 7-3。

表 7-3　**累积降雨量 FGLS 估计结果**

稻谷单产	十堰、襄阳、孝感、随州区域	江汉平原、咸宁区域
累积降水量	0.0188*	-0.0327*
	(2.20)	(-2.35)

注：*、**、*** 分别代表在 10%、5%和 1%的显著水平。

根据估计结果可以看到，对于干旱区域与暴雨集中区域，累积降水量对稻谷单产的影响是有所不同的，而前述在针对湖北省全省的情况下，累积降水的影响总体而言是负向的影响。

对于十堰、襄阳等干旱区域，累积降水量对稻谷单产有着正的、显著的边际影响。说明在这些区域，累积降水量的增加能显著增加稻谷单产、累积降水量的减少会减少稻谷单产，其影响系数为 0.0188，在 10%的水平下统计显著。表明在其他条件不变的情况下，累积降水每变动 1 个单位，稻谷单产会按照相同的方向变动 0.0188 个单位。

对于江汉平原地区、咸宁市及其辖内县市这些暴雨集中区域，累积降水量在 10%的水平下统计显著，有着显著的负向作用。说明降水过多可能导致洪涝灾害的发生，影响到稻谷的生产（陈波等，2008）。这里的影响系数为-0.0327，表明其他条件不变的情况下，每过多地降水 1 个单位，稻谷单产会减少 0.0327 个单位。

五、稻谷干旱指数保险合同设计

根据累积降水量的情况，保险公司可以制定不同价格以及不同赔付标准的天气指数保险合同，农户可以自己选择购买何种价位的天气指数保险。保险公司将提供的同一价位的天气指数保险分为若干个保险单元，每个保险单元成为 1 个 SUC，每个 SUC 的费率是相同的（Jerry Skees 等，1999）。被保险人能自由选择购买的数量，价格高的保险公司赔付也高。

对干旱指数保险，针对每一个价位的保险合同，保险公司与农户双方事先都会规定一个基础的累积降雨量触发点（起赔点）C，年末时保险公司根据当年生长期的累积降雨量 X 来做决定，如果 $X > C$，保险公司不会进行赔付，而

如果 $X < C$，保险公司会赔付给保险购买者的金额为：

$$I = \max[0,\ Y \times (C - X)] \tag{7.2}$$

其中 I 为保险公司赔付给被保险人的金额，Y 为降雨量每减少 1 单位带来的稻谷损失金额。保费根据降雨量的情况进行计算。由于保费比实际赔付义务的履行期限提前了一年，在计算的时候考虑到利率 R 的影响，具体的价格是：

$$P = Y \times (C - X)/(1 + R) \tag{7.3}$$

由于受到统计年鉴数据资料的限制，只能获得稻谷单产 20 年的数据，所以对应 23 个县市稻谷生长期累积降水量的数据也只有 20 年的，这样的数据信息用于分析累积降水量的分布情况是远远不够的。因此，只能根据已有资料加入一些假设条件。《全国农业旱情与旱灾评估分区及编码》中对基本旱情评估采用降水量距平法，具体公式为：

$$D_i = \frac{P - \overline{P}}{\overline{P}} \times 100\% \tag{7.4}$$

其中 D_i 为计算时期内的降水量距平百分比，P 为计算期内的降雨量，计算期内降雨量的平均值为 $\overline{P}$，根据降水量距平百分比划分的旱情等级见表 7-4。

表 7-4　　**降水距平百分比旱情等级划分表**

季节	计算时段	轻度干旱	中度干旱	严重干旱	特大干旱
夏季（6—8 月）	1 个月	−20>D≥−40	−40>D≥−60	−60>D≥−80	D<−80
春秋季（3—5 月、9—11 月）	2 个月	−30>D≥−40	−50>D≥−65	−65>D≥−75	D<−75
冬季（12—2 月）	3 个月	−25>D≥−35	−35>D≥−45	−45>D≥−55	D<−55

资料来源：赵建军，2011b。

所选取的 23 个县市的累积降雨量情况为：

表 7-5　　**干旱区域累积降雨量的描述性统计**

Variable	Mean	Std. Dev.	Min	Max
累积降雨量（mm）	913.25	350.75	357.1	2728.2

参考上述旱情等级情况和累积降雨量的描述统计，以及 Skees（1999）的

研究结果，本书选取干旱指数保险的起赔点为该区域平均降雨量的70%，最大赔付点为平均降雨量的30%。根据《湖北农村统计年鉴》2009年稻谷生产成本和收益表进行计算，得出稻谷的平均价格为1.82元每千克。基于前述模型的估计结果，可以算出在其他条件不变的情况下，累积降雨量每减少1毫米，稻谷损失的金额为：

Loss1 = CNY 3.42元

以1毫米作为尺度可能过于精量化、现实表现不够明显，因此以累积降雨量平均每减少5毫米为单位衡量稻谷生产损失。

综上所述，设计出稻谷干旱指数保险的指数见表7-6：

表7-6　**稻谷干旱指数保险**

指数	起赔点	最大赔付点	最大赔付值	单位指数赔付额
干旱指数	639.28毫米	273.98毫米	1249.33元	17.10元/每5毫米

需要说明的情况是，本书假定天气指数保险买方和卖方原理上收益的期望都为0，而实际上保险的卖方可能在保险合同的设计上考虑增加一定的利润等。此外，如前所述，由于数据资料的限制，累积降雨量的具体分布不能获得，进而不能够对费率进行精确厘定。图7-2为干旱指数保险合同赔付结构的示意图。

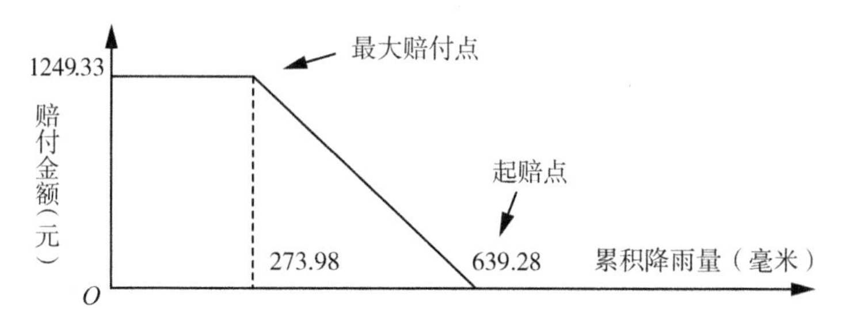

图7-2　稻谷干旱指数合同的赔付结构

累积降雨量干旱指数保险赔付的指数，起始赔付点即起赔点，累积降雨量是639.28毫米，最大赔付点是273.98毫米，赔付金额是购买保险责任的函数。起赔点累积降雨量 639. 28 毫米和最大赔付点 273. 98 毫米间有 73. 06 个指数单位。所以，购买金额 1249. 33 元的保险责任，累积降雨量在 273. 98 毫米至 639. 28 毫米范围时，每单位降雨赔付金额是 1249. 33 元除以 73. 06，即单位指数赔付额是 17. 10 元/每 5 毫米。累积降雨量在低于 273. 98 毫米时达到赔付金额最大值 1249. 33 元。

依据上述 3 个关键值，就可以算出应赔付保险金额。假设累积降雨量是 500 毫米，此时应赔付总指数是 27. 86 个单位，按前述单位指数应赔付额，计算出赔付总额是 476. 41（27. 86×17. 10）元。

六、稻谷暴雨灾害指数保险合同设计

类似于干旱指数保险的设计，江汉平原、咸宁区域的累积降雨量情况如表 7-7 所示：

表 7-7　**暴雨区域累积降雨量的描述性统计**

Variable	Mean	Std. Dev.	Min	Max
累积降雨量（mm）	1219. 14	412. 59	509. 3	2669. 8

选取暴雨灾害指数保险起赔点为该区域平均降雨量的 130%，最大赔付点为平均降雨量的 170%，在该区域其他条件不变的情况下，累积降雨量每增加 1 毫米，稻谷损失金额为：

Loss2 = CNY 5. 95 元

同样地，以累积降雨量平均每增加 5 毫米为单位衡量稻谷生产损失。相应指数情况是：

表 7-8　**稻谷暴雨灾害指数保险**

指数	起赔点	最大赔付点	最大赔付值	单位指数赔付额
暴雨灾害指数	1584. 88 毫米	2072. 54 毫米	2901. 52 元	29. 75 元/每 5 毫米

暴雨灾害指数保险合同赔付结构示意图为：

因此，稻谷生长期内（3 月 1 日到 10 月 31 日）累积降雨量高于 1584. 88 毫米时，按此时期内累积降雨量和 1584. 88 毫米之差，计算每公顷应赔付金

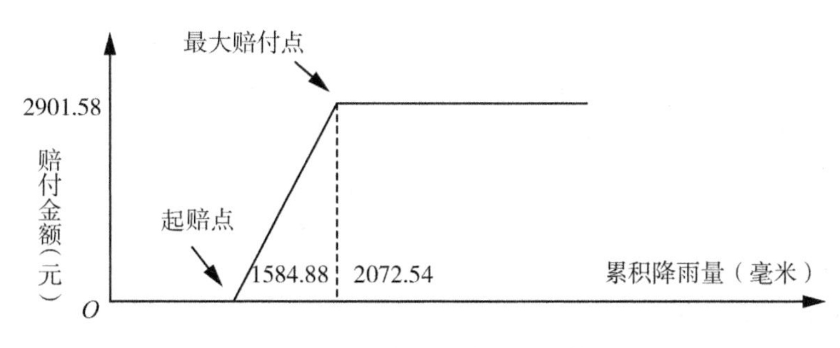

图 7-3　暴雨灾害指数合同的赔付结构

额，每相差 5 毫米赔付 29. 75 元，每公顷最高赔付额 2901. 52 元，计算公式如下：

每公顷赔付金额=（累积降雨量-1584. 88）÷5×29. 75

因资料限制，累积降雨量的分布特征不能获得，所以在起赔点和最大赔付点的设计上不够准确，对最大赔付额的计算结果有所影响，费率也不能准确制定。此外，不管是干旱指数保险合同，还是暴雨灾害指数保险合同的设计，本书都只用了简略的方法进行设计，在实际设计更为具体某个区域的合同时，还需要考虑当地的一些具体情况，这样设计的合同才更为精确、基差风险更小。

本 章 小 结

本章以湖北省为例对天气指数保险在农业天气风险管理中的运用进行了实证分析。首先说明了天气指数农业保险的特征，具体说明了天气指数的选取标准、天气指数保险中主要的天气变量、天气指数保险赔付触发原理，以及天气指数农业保险基差风险问题。分析了湖北省农业天气风险状况，湖北全省农业气候资源的时空、地域分布差异很大，历来是南涝北旱，农业生产受天气风险影响很大。稻谷是湖北省最主要的粮食作物，气候变化引起的各种气象灾害是稻谷产量变化的首要原因，不充足、不均衡的降雨引起的干旱、暴雨等都会导致其严重的产量损失。在前述分析的基础上，本章严格按照天气指数保险合同的定义设计稻谷干旱指数保险合同与稻谷暴雨灾害指数保险合同，选定期间为稻谷生长期（湖北地区为 3 月到 10 月），天气指标为累积降雨量。

与本书第三章的实证模型类似，仍采用经济-气候模型，使用湖北省 78 个县市面板数据分析的结果显示，累积降水的影响系数是-0. 0562，在 1%的水平下统计显著，因为分析的是全省的情况，总体上而言，累积降水过多会减少稻谷产量。但由于湖北省地区差异性较大，采用总体的数据不具有针对性、不能反映具体区域的实际情况。因此，在设计累积降雨量指数保险合同时，本章针对某个具体的风险区域进行了设计，具体地，选取孝感、随州、十堰、襄阳市及其辖内各个县市（共 23 个县、市）的面板数据设计干旱指数保险合同；选取江汉平原区域和咸宁市及辖内的面板数据设计暴雨灾害指数保险合同（江汉平原主要包括荆州区域、仙桃、潜江、天门市等，考虑行政区划的变更，加上咸宁市及其辖内各县市，一共有 15 个县、市）。模型结果显示，对于十堰、襄樊等干旱区域，累积降水量对稻谷单产有着正的、显著的边际影响，对于江汉平原地区、咸宁市及其辖内县市这些暴雨集中区域，累积降水量在 10%的水平下统计显著，有着显著的负向作用。受数据资料的限制，只能获得 20 年的数据，因此在设计保险合同时加入了一些假设条件，即选取干旱指数保险的起赔点为该区域平均降雨量的 70%，最大赔付点为平均降雨量的 30%；选取暴雨灾害指数保险起赔点为该区域平均降雨量的 130%，最大赔付点为平均降雨量的 170%。因此，本章只采用了简略的方法来设计保险合同，因资料限制，未能获得累积降雨量的分布特征，所以费率不能准确制定。此外，为简化计算，模型中假设保险公司预期利润为 0，这也不符合实际情况，模型中未考虑交易费用，虽然天气指数保险能降低保险公司的成本，但保险公司仍需要承担搜集数据、制定合同等交易费用，将交易费用纳入天气指数保险合同的制定中还需要进一步的研究。本章保险合同的设计虽然存在着一些缺陷，但本章的研究也在天气指数保险合同方面作出了一定的尝试和探索，对该领域的实证研究方面起到了一定的补充和完善作用，进一步使天气指数保险成为转移农业天气风险的有力工具。

第八章　武汉市气温衍生品合约开发：基于ARMA模型

第一节　天气衍生品类型

天气衍生品包括期权（Option）、期货（Future）与互换（Swap）等，其中，天气期货属于指数期货，天气期货合约采用现金交割结算，交易标的物是基于某一天气指数的货币价值。在天气期货的交易中，购买者买入或卖出与现货市场数量相同、交易相反的期货合约，并在合约规定的未来某天卖出或买入期货合约，这种操作实际上是购买者运用天气期货合约补偿在现货市场因天气风险造成的损失。天气期货也有一定的缺陷，它虽然可以转移有害的风险，但同时将有利的风险也转移了（王政，2012），天气期权则弥补了天气期货能够将买方的收入锁定在某一水平，而买方却没有了获利的可能这种缺陷，满足了套期保值者对于盈利的需求。

期权为一种选择权，由期权的买方（Buyer，多头）付给期权的卖方（Writer，空头）一定数目的期权费（Premium）后，取得了在一定期限内以一定的价格（执行价格）卖出或买入一定数量标的（期货合约、证券或实物商品）的权利（叶永刚，2004）。在CME（芝加哥商业交易所）交易的天气期权是对天气期货合约的交易，而不是对天气指数的直接交易，例如气温期货以未来累积温度为结算单位，气温期权则以气温期货的“价格”作为结算单位，这点与一般的金融期权期货相同。天气期权包括看涨期权、看跌期权、套保期权等。

第二节　天气期权管理农业天气风险应用实例

一、看涨期权的应用

看涨期权（Call）为一份合约，合约授予期权的买方以事先确定的执行价格（也称为锁住水准）购买一份指定的商品、资产或者指数的权利，但不是义务。在这一权利交易中，权利的买方向权利的卖方支付权利金。每一份天气指数期权都由一组条款加以定义，条款包括执行价格、赔付率、最高赔付额、保护日期以及相应的参考指数。

例如，某主体（可以是农业生产者，也可以是农业保险公司或再保险公司，在本书中均采用 A 方来代替）的经营成本因气温高于一定程度时（设定这一气温为 T）会增加，对于任何超过这一程度的成本，A 方都想寻求保护，这种情况下，A 可以考虑购买一份天气衍生品的看涨工具，每次提前一天预报的最高气温超过 T 时，A 都可以获得赔付。图 8-1 为购买了看涨期权后，A 的新经营成本情况，其中原运营成本为预报气温高于 T 的天数增加时，A 的风险。这种情况的保护要求 A 支付权利金，但在气温非常高的情况下，A 可以获得补偿。

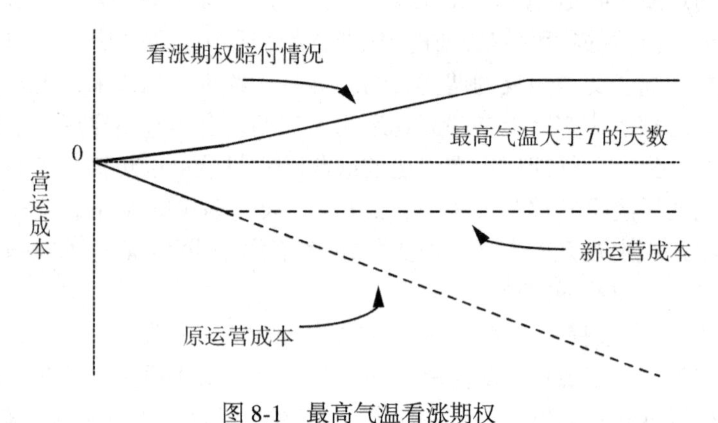

图 8-1　最高气温看涨期权

在图 8-1 及以后的图中，对每个事件或每份指数的离散赔付导致赔付情况为梯级函数而不是连续函数，为了简便起见，本书在解释情况时采用了连续函数的形式。在极端的情况下，小额赔付的增加量和小事件或指数单位的增加量汇聚在一起就形成了平滑的赔付图。

二、看跌期权的应用

看跌期权（Put）为金融合约，合约授予期权的买方以事先确定的执行价格卖出一份指定商品、资产或指数的权利，但不是义务。这一权利交易中，权利的买者向权利的卖者支付权利金。

例如对于 A 方而言，如果冬季气温太高，其收入会受到影响。若 HDDs 数量低于一定的水平（设为 C）时，收入的减少量是不能接受的，所以签订了天气衍生品看跌工具合约，在锁住水准 C 之下，对于每一 HDD，A 都能得到一定的赔付，赔付有上限。

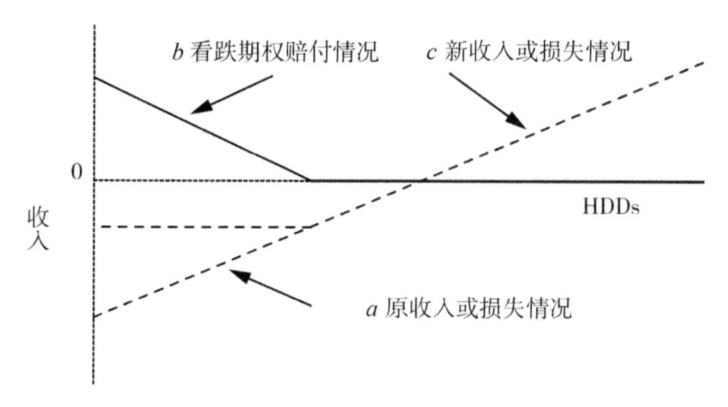

图 8-2　HDD 看跌期权

对应于图 8-2，a 为在不同 HDD 值下 A 未保护的收入，b 为从 A 的角度看，看跌期权的赔付情况（不计任何已付权利金的影响），c 为买入看跌期权后 A 的新收入情况。该种类型的保护也需要支付权利金，但 A 可以保留因有利天气条件产生的收入（即天气很冷时，其收入的增加）。

三、套保期权的应用

A 可能会对取得风险保护所必须支付的费用很在意，为了减少保护费用的支出，根据上面的例子，A 可以有多个选择，如保留更多的风险由自己承担，这样引发赔付的 HDDs 值就可以减少，其他情况不变的情况下，相应的保护费也会减少。A 也可以接受更少的赔付额，选择较少的保护，不过这一选择并不是很好的避险措施。另外，如果天气条件有利的情况下，A 可以让利，卖出冷天气保护给提供暖天气保护的卖方，采用一部分的超额收入以抵消买入暖天气保护的成本。这一长期看跌期权和短期看涨期权（或者相反）的组合称为套保期权（Collar）。

保留更多风险或者接受较少保护的选择，A 可以根据其风险偏好来确定。通过套保期权放弃因天气有利产生收入中的一部分是复杂的事情，要求 A 准确确定其考虑放弃的核心业务有多大。下部的保护是为了实现最低的收入，而上部的放弃则限定了可能获利的最高水平。

接着上述的例子，考虑套保期权，例如 A 卖出一份看涨期权，买入一份看跌期权，卖出的看涨期权取决于 A 对风险的要求以及打算将购买保护的费用降到何种程度。如果 A 不打算支付任何保护费，那么就需要考虑下部保护的成本，以制定相应的每 HDD 向卖者赔付的赔付率以及最高赔付水平，这就导出了一份零成本的套保期权。如果 A 希望看涨期权的锁定水平与看跌期权的锁定水平相等，但这一水平与下部保护的出售者要求的无成本看涨期权的锁定水平不同时，就不能构建一份零成本合约了。即便如此，A 将支付的费用也远比单纯购买看跌期权保护所需要支付的费用要少得多。

图 8-3 为考虑了看跌期权提供的下部保护与看涨期权引发的上部收入减少后 A 的新收入情况。

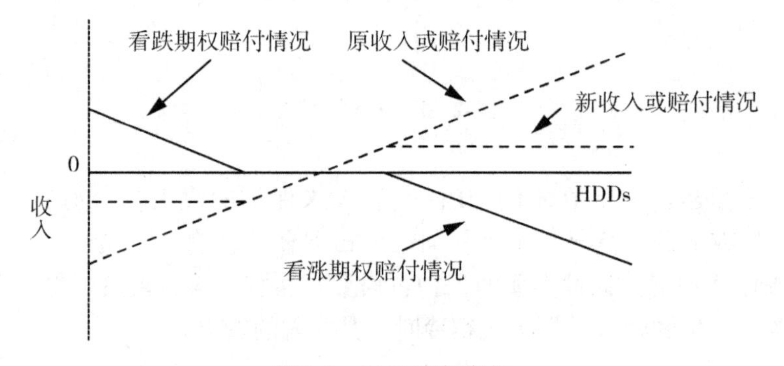

图 8-3 HDD 套保期权

套保期权的使用能够降低收入因天气风险带来的波动。有些套保期权会用分裂的，或称为不对称的交易量形式来构建。例如，按照前述的例子，对较冷的天气，A 有对每 HDD 赔付多一点或者赔付少一点的选择，锁定水平比上述水平高一些或低一些。

图 8-4 解释了一份未计权利金的套保期权的影响，其中看跌期权的锁定水平比看涨期权的锁定水平要低一些。

四、互换的应用

互换（Swap）为一种合约，合约要求一方在天气指数上升（或下降）到约定的水平时加以赔付，该方也可以在相应的天气指数下降（或上升）到约定水平时获得赔付。这取决于指数的取值，该方既可能为赔付者也可能为受赔

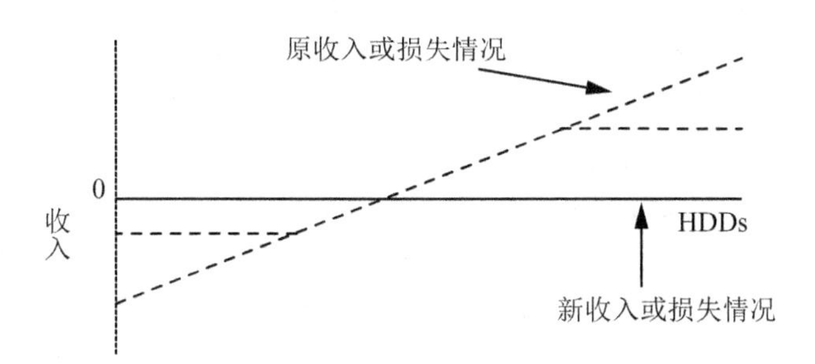

图 8-4　不对称 HDD 套保期权

者，在某种程度上，互换等同于执行价格相等的套保期权。

例如，对于 A，当气温上升或下降到某一点（假定为 C）时，A 的预期收入也会随着发生变化。如果 A 安排了一个互换，执行价格就定为 C，那么 A 就因此消除了天气风险带来收入的不确定性，A 获得的收入不多于也不少于预期收入。

终端客户并不经常采用互换来对冲风险，因为要寻找相当预期水平或者好于预期水平的交易对方很困难，终端客户很可能要保留收入超过预期的可能性，而按照前述介绍，运用看跌期权和一定程度上的套保期权，也能够达到同样的目的。

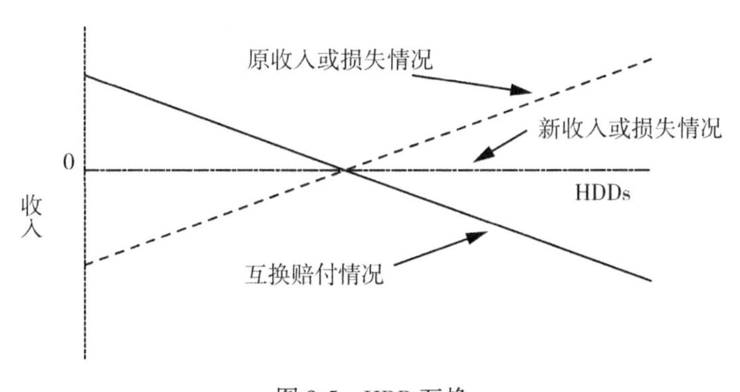

图 8-5　HDD 互换

而且，虽然天气与产出的相关性通常很高，但是也不能做到完全相关，互换因为这种不完全相关问题常常不能够给以预期的下部保护，有时甚至会产生额外的成本支出。

除了上述产品，在一些情况下，A 可能要求从参考指数中获得赔付而不管市场的方向，为了无论指数上升还是下降情况下都能获得赔付，A 可以购买枷形双向期权（Strangle）。例如，A 寻求对过多或过少的 CDD 进行保护，决定购买枷形双向期权，看涨期权的执行价格为 P_1，看跌期权的执行价格为 P_2，最高赔付额为 C，如果气温保持稳定，即 CDD 的值域在 P_2 和 P_1 之间，那么 A 不会从枷形双向期权中获得赔付，但当 CDD 值居于 P_1 之上或 P_2 之下时，A 就会获得赔付。鞍形期权（Straddle）与枷形双向期权比较类似，当指数上升或下降时期权的买者获得赔付，但不同的是，构成鞍形期权的看涨期权与看跌期权的执行价格是相等的。沿用枷形期权的例子，对鞍形期权而言，A 可能不拉开看跌期权（P_2）与看涨期权(P_1）的执行价格，而将风险保护赔付集中在价格 P_3 上面($P_2 < P_3 < P_1$)。

还有撞入和撞出期权，如果“撞入”水平达到的话，撞入期权授予购买者一份标准期权。通常撞入期权比普通期权（执行价格在标准水平）便宜，因为所说的看跌或看涨期权能否成为现实存在并没有保证。

例如一份撞入期权的购买者持有一份普通 CDD 看跌期权，执行价格为 P_1，每一低于执行价格的 CDD 均获得赔付，有赔付上限。若只有在累积 CDD 低于 P_2（$P_2<P_1$）时期权才有效，CDD 若维持在 P_2之上，购买者就得不到任何赔付。图 8-6 解释了这一撞入期权的赔付情况（没有计权利金的影响）。

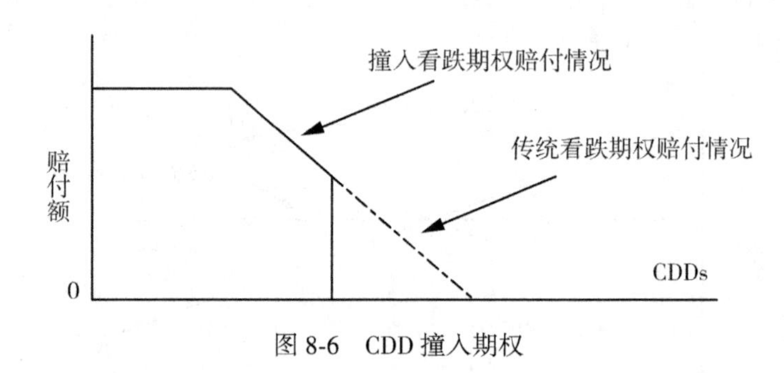

图 8-6　CDD 撞入期权

撞出期权与撞入期权类似，区别是购买者获得普通看跌或看涨期权，在执行价格达到时赔付即发生，但如果撞出价格达到时，赔付将会被取消或者“撞出”。与撞入期权一样，撞出期权相比普通期权而言很便宜，因为二者提供的保护水平并不一样。

例如撞出期权的购买者有一份普通 CDD 看涨期权，执行价格为 P_2，高于执行价格时的每一 CDD 均会获得赔付，也有赔付上限。但在累积 CDD 超过 P_1（$P_2<P_1$）时，期权将被撞出而失效，此时期权的买者得不到任何保护，期权的卖者没有任何支付义务。

图 8-7 说明了撞出期权的赔付情况（没有考虑权利金的影响）。

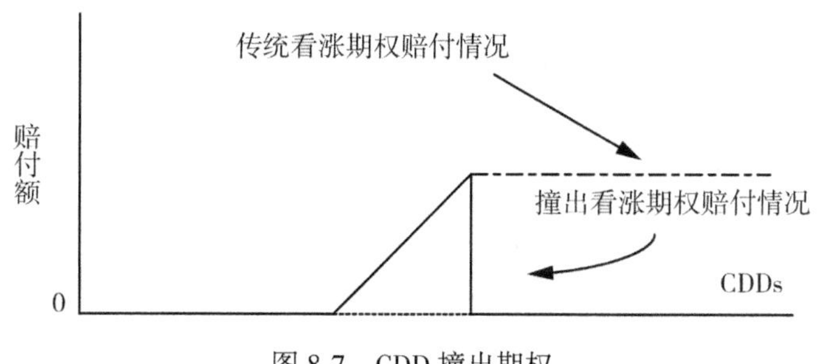

图 8-7　CDD 撞出期权

此外，复合期权为一种期权复合工具（期权的期权），它授予购买者在未来的某一日决定是否交易确定期权的权利。复合期权由复合期权的执行日期（事先已经确定的时间）与复合期权权利金确定，例如，复合期权的买者支付一定的金额（P_2）得到一份 HDD 看跌期权（权利金为 P_1，其中 $P_2<P_1$），期权的权利是直到日期 C 可以购买，但不是义务，那么在日期 C 之前（包括日期 C）的任意一天，买者都有权购买所定的看跌期权。如果买者决定不交易所定的期权，交易就结束了，没有进一步的赔付或承担义务问题，只是原来付出的权利金 P_2 已经支付；而如果买者选择交易所定的看跌期权，他就向卖者支付 P_1 的权利金，接受 HDD 看跌期权能带来的任何收益。

差值合约为基于两个地点间温差值进行赔付的合约。可用互换的形式构建，称为互换差值合约，也可以用期权的形式构建，称为看涨期权差值合约或看跌期权差值合约。互换差值合约的交易结果是差值合约的买方进行差值合约赔付或者接受差值赔付，这取决于参考地温差值的变动。期权差值合约的交易结果是当差值变动到支付区域时买方接受赔付。

看涨期权、看跌期权、套保期权和互换代表了天气衍生品市场的标准产品，但对于追求更客户化的风险解决方案的人而言，复合指数结构品是可行的工具。如之前描述的，复杂的指数结构品可以参考复合天气指数，以及天气-非天气指数，也能根据单一或复合的事件来构建，例如采用降水与气温、价格与气温等，可以购买复合指数保护的产品，当达到双触发水平时，保护产品提供补偿。这些产品在构建、定价与风险管理方面更困难一些，但在市场中也逐渐发展起来。

第三节　武汉市气温看涨期权合约开发

一、数据选取与模型设定

1. 数据与特征

对某个具体区域的气温来说，因季节的更替，气温会随时间的变动出现波浪形的变化，气温的变化是有规律可循的。由于气温的周期性特征，可以认为能依据气温的历史数据对未来的数据进行预测（王培，2012）。

本书数据的采样区间为武汉市 1990 年 1 月 1 日至 2009 年 12 月 31 日的气温数据，为使每年的数据具有一致性，剔除了所有闰年 2 月 29 日的记录，共计 7300 项数据，所有数据均为每日平均气温（Daily Average Temperature，DAT）。经过 Stata 软件处理，得到这 20 年武汉市历史日平均气温的散点图，见图 8-8。

由图可以看出，武汉市日平均气温具有很强的季节变化趋势，气温一直在 −10℃与 40℃的范围内波动，气温的变化具有明显的前后相关性。从气温的波浪形变动趋势可以看出武汉市气温变化的图形类似于正弦函数，认为可以用 sin 函数形式来拟合日平均气温的变化路径（钱利明，2010）。

2. 模型的设定

设每日气温变化函数的基本形式为 $\sin(\omega t+\varphi)$，其中 t 为时间，以天数为单位，$t=1$（1 月 1 日），2（1 月 2 日），…。由于日平均气温的变化呈现出每年一个周期，所以有 $\omega=2\pi/365$，其中 φ 为相位角，表示某一变量随时间作正弦或余弦变化时，决定这一变量在任一时刻状态的数值。此外，构建模型时考虑到全球变暖的情况，对数据的观察表明日平均气温序列的确呈现出正的随时间变化的趋势。为简化计算，假设这一暖化趋势是线性的，用 bt 表示。

综合上述分析，将武汉市日平均气温的变化分解为时间变量、季节变量和随机变量三个变量，在 t 时点日平均气温 Tem 变化模型的具体公式为：

$$Tem = a + bt + c\sin(\omega t + \varphi) + \varepsilon_t \tag{8.1}$$

其中，$\omega=2\pi/365$，ε_t 为残差，模型中 a，b，c，φ 为未知参数。采用时间

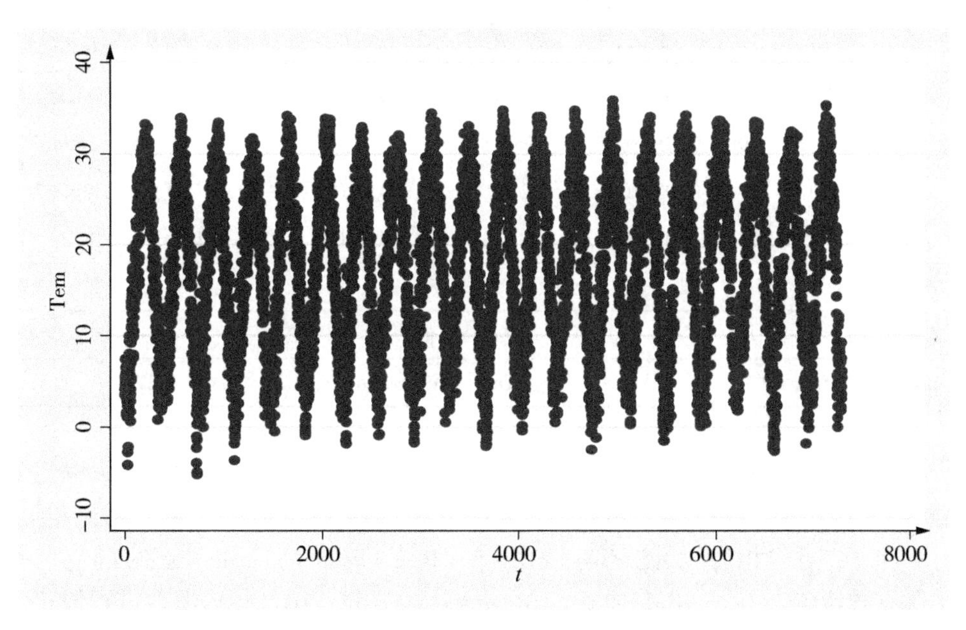

图 8-8 武汉市 1990 年 1 月 1 日至 2009 年 12 月 31 日的日平均气温

序列法对武汉市 1990 年 1 月 1 日至 2008 年 12 月 31 日的气温数据（已剔除闰年 2 月 29 日数据）进行估计，2009 年的数据用于对模型进行预测和检验。

将上述公式转化为：

$$Tem = a + bt + c\cos\varphi\sin(\omega t) + c\sin\varphi\cos(\omega t) + \varepsilon_t \tag{8.2}$$

令 $a = \alpha_1$, $b = \alpha_2$, $c\cos\varphi = \alpha_3$, $c\sin\varphi = \alpha_4$，公式变成：

$$Tem = \alpha_1 + \alpha_2 t + \alpha_3\sin(\omega t) + \alpha_4\cos(\omega t) + \varepsilon_t \tag{8.3}$$

由于 $c^2 = {\alpha_3}^2 + {\alpha_4}^2$，得到：

$$\varphi = \arctan\left(\frac{\alpha_4}{\alpha_3}\right) \tag{8.4}$$

二、ARMA 模型估计与结果验证

1. ARMA 模型的估计

用 Stata 软件对方程进行估计，得到结果：

表 8-1 气温变化模型初步估计结果

Tem	Coef.	Std. Err.	t	$P>\|t\|$	[95% Conf. Interval]	
t	0.0002491	0.0000191	13.03	0.000	0.0002117	0.0002866
sin	-3.671619	0.0541531	-67.80	0.000	-3.777776	-3.565463
cos	-11.71177	0.0541074	-216.45	0.000	-11.81784	-11.6057
_cons	16.72305	0.0765762	218.38	0.000	16.57294	16.87317
F (3, 6931) = 17232.52			Prob > F = 0.0000			
R-squared = 0.8818			Adj R-squared = 0.8817			
Root MSE = 3.1861			Durbin-Watson d-statistic = 0.4163087			

可以看到在5%的水平下，各变量的系数非常显著，R^2为0.88，拟合效果较好。但是DW值只有0.4163087，接近于0，模型存在着较严重的序列相关性。由于存在自相关，OLS不再是BLUE（Best Linear Unbiased Estimator）。为消除这种影响，引入ARMA（Auto Regression Moving Average）模型进行修正，发现引入ARMA（3，2）后，DW值达到1.99969，模型基本不再存在序列相关性，各系数也非常显著，模型拟合效果很理想。

结合公式（8.4），可以得到 $a=16.72407$，$b=0.0002482$，$c=-12.278144$，$\varphi=1.2670681$，进而得出每日平均气温Tem（T）变化的ARMA模型为：

$$T_t = 16.72407 + 0.0002482t - 12.278144\sin\left(\frac{2\pi}{365}t + 1.2670681\right) + 1.63793T_{t-1} - 0.7532892T_{t-2} + 0.0854793T_{t-3} + \varepsilon_t + 0.5964132\varepsilon_{t-1} + 0.2592125\varepsilon_{t-2} \tag{8.5}$$

表 8-2 气温变化模型估计结果

Tem	Coef.	OPG Std. Err.	z	$P>\|z\|$	[95% Conf. Interval]	
t	0.0002482	0.0000542	4.58	0.000	0.0001421	0.0003544
sin	-3.672146	0.1482377	-24.77	0.000	-3.962687	-3.381606
cos	-11.71615	0.1624795	-72.11	0.000	-12.03461	-11.3977
_ cons	16.72407	0.2283325	73.24	0.000	16.27655	17.1716

续表

Tem	Coef.	OPG Std. Err.	z	P>|z|	[95% Conf. Interval]	
AR (1)	1. 63793	0. 0587466	27. 88	0. 000	1. 522789	1. 753071
AR (2)	-0. 7532892	0. 069989	-10. 76	0. 000	-0. 8904651	-0. 6161133
AR (3)	0. 0854793	0. 0331227	2. 58	0. 010	0. 0205601	0. 1503985
MR (1)	0. 5964132	0. 0583715	10. 22	0. 000	0. 7108193	0. 4820072
MR (2)	0. 2592125	0. 0456342	5. 68	0. 000	0. 3486538	0. 1697712
Wald chi2 (8) = 177456. 20　Prob > chi2 = 0. 0000						
Durbin-Watson *d*-statistic = 1. 99969						

2. ARMA 模型估计结果的验证

将得到的时间序列 ARMA 模型对武汉市 2009 年 1 月 1 日至 2009 年 12 月 31 日每日平均气温的值进行预测，图 8-9 显示了 2009 年的预测值与实际值的对比情况，可以看到拟合效果非常好。

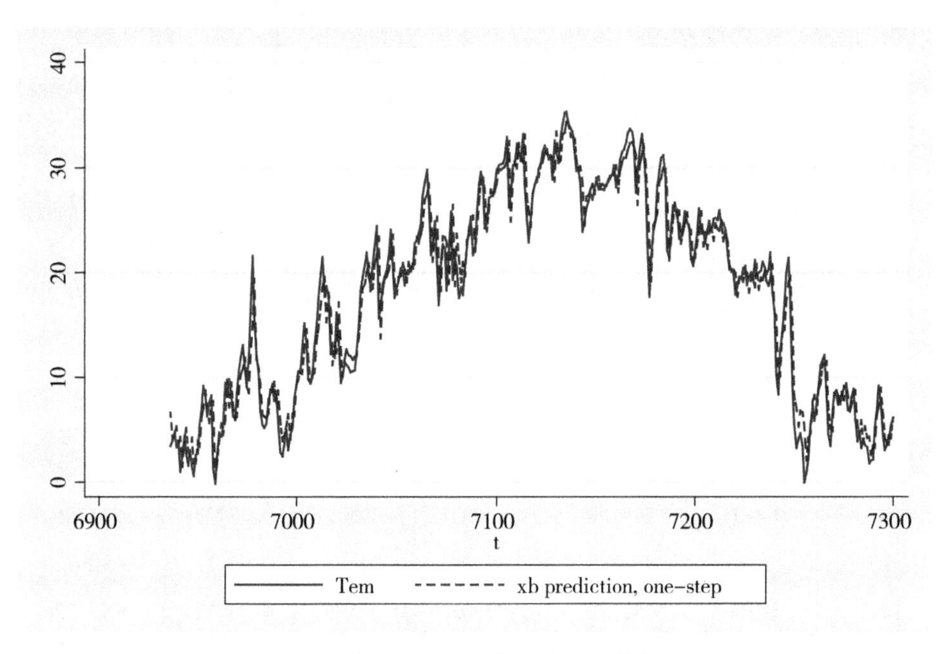

图 8-9　2009 年预测日平均气温与实际值的对比图

三、气温期权定价模型

气温期权合约的名义值（Tick Amount）指合约处于实值状态时每单位基础指数获得的补偿金额。设气温期权标的指数为 GDDs，无风险利率为 r，合约在 t_1 到 t_2 期间，风险中性条件下，在时点 t_1 时该指数的期权定价模型为（李永，2012）：

$$S_{GDD} = e^{-r(t_2-t_1)} E(payoff(GDDs)) \tag{8.6}$$

假设一份欧式期权标的指数为 GDDs，合约期限为 t_1 至 t_2，合约执行指数值是 K，合约名义值是 N_p，合约期内无风险利率为 r。为计算简便，直接采用了 GDD 指数，没有采用 MGDDs（修正生长温值）。在风险中性条件下，t_1 时点的看涨期权与看跌期权的价格分别为：

$$Call_{GDD} = e^{-r(t_2-t_1)} N_p[\max(GDDs(t_1,\ t_2) - K,\ 0)] \tag{8.7}$$

$$Put_{GDD} = e^{-r(t_2-t_1)} N_p[\max(K - GDDs(t_1,\ t_2),\ 0)] \tag{8.8}$$

四、ARMA 模型精确度检验与气温期权定价

根据本书第四章的分析以及华氏度与摄氏度的换算公式（4.6），稻谷生长的基线气温为华氏 50 度，即 10 摄氏度。考虑到湖北省稻谷主要品种是中稻的实际情况，选取中稻的生长期 4 月至 8 月为合约期。具体地，利用之前得到的公式（8.5）预测武汉市 2009 年 4 月 10 日至 2009 年 8 月 20 日的气温累计指数值，通过与实际值的比较来检验 ARMA 模型预测的精确度。分别考虑基线温度为 10℃，11℃和 12℃时的 3 种情况。

首先根据本书第四章对 GDDs 的定义，计算中稻生长期实际气温的累计指数值，即生长温值指数，再根据公式（8.5）的 ARMA 模型预测 2009 年 4 月 10 日至 2009 年 8 月 20 日的每日平均气温，算出预测的生长温值指数。实际值与预测值的具体结果见表 8-3。

表 8-3　　**中稻生长温值指数值（2009/04/10—2009/08/20）**

基线温度	指数值	实际值	预测值	偏差率	方差率	协方差率
10℃	GDDs	2151.8	2163.02	0.005214	0.057724	0.937062
11℃	GDDs	2018.8	2030.02	0.005558	0.057724	0.936718
12℃	GDDs	1885.8	1897.02	0.005950	0.057724	0.936326

其中，偏差率说明了预测的均值与实际均值间的偏差程度，方差率说明了预测方差与实际方差间的偏离程度，协方差率是非系统误差的大小，三者的和为 1，预测效果在偏差率和方差率小、协方差率大时较好。可以看出，计算得到的预测生长温值相比实际数值都偏大，但与实际值很接近。从预测的准确度指数看来，偏差率与方差率的值都很小、协方差率的值很大，说明模型具有很好的拟合效果。

假定 2009 年 4 月 10 日到 8 月 20 日气温看涨期权的执行指数为 $K=1600$，合约的名义价值为每点指数人民币 100 元，选取 Shibor 利率作为无风险利率，设为 5%。根据公式（8.7）计算得到 3 种基线温度情况下该气温看涨期权的实际价格与预测拟合价格，以及二者间的相对误差。

表 8-4　**气温看涨期权的价格**　（单位：元）

基线温度	10℃	11℃	12℃
实际价格	54183.77	41123.89	28064.01
预测价格	55285.52	42225.64	29165.76
相对误差	2.0334%	2.6791%	3.9258%

注：相对误差为（预测价格-实际价格）/实际价格。

因此，执行指数为 $K=1600$ 的情况下，基线温度为 10℃时，出现的预测误差最小，模型预测得到的气温看涨期权的价格较为准确合理。

不过，对气温衍生品的各个参数，包括基线温度、标的指数与执行指数 K 等的确定，都需要考虑各个地区的实际情况才能得到更准确的定价，例如 GDD 指数中作物的品种、具体的生长期间等。

本 章 小 结

本章以武汉市为例对天气衍生品在农业天气风险管理中的运用与开发进行了实证研究。首先阐述了天气衍生品相关金融产品，包括期货、期权与互换等，特别地，对看涨期权、看跌期权、套保期权、互换、撞入和撞出期权进行了示例图形分析。在之前相关理论分析的基础上，选取武汉市 1990 年 1 月 1 日至 2009 年 12 月 31 日的每日气温数据，剔除所有闰年 2 月 29 日的记录，共计 7300 项数据进行研究，因气温变化的图形类似于正弦函数，可以用 sin 函数形式拟合日平均气温的变化路径。对模型初步估计的结果显示 R^2 为 0.88，拟合效果较好，但是 DW 值只有 0.4163087，接近于 0，模型存在着较严重的序列相关性，为消除这种影响，引入 ARMA（Auto Regression Moving Average）模型进行修正，发现引入 ARMA（3，2）后，DW 值达到 1.99969，模型基本上不再有序列相关性，各个系数也非常显著，模型拟合效果很理想。进一步地，对 ARMA 模型估计结果进行验证，显示预测值与实际值拟合效果非常好。接着介绍了气温期权定价模型，选取气温期权标的指数为 GDDs，对 ARMA 模型的精确度进行了检验：计算得到的预测生长温值比实际数值都偏大，但与实际值很接近；从预测的准确度指数看来，偏差率与方差率的值都很小、协方差率的值很大，说明模型具有很好的拟合效果。最后，计算了气温看涨期权的实际价格与预测拟合价格，以及二者间的相对误差，发现执行指数为 $K=1600$ 的情况下，基线温度为 10℃时，出现的预测误差最小，模型预测得到的气温看涨期权的价格较为准确合理。

本章结合基于 ARMA 的时间序列模型分析了武汉市气温动态变化的过程，实证结果证实该模型有较好的拟合优度，能以此为基础对气温期权产品进行合理定价。不过，本书虽然结合了实际数据进行探讨，但只是初步的探讨，需要在以后进行完善，例如，与李永等（2012）的研究类似，模型仅考虑了时间序列的趋势，而没有考虑大气系统、人类活动等其他因素对气温的影响，为了更精确地制定模型，这些问题都需要进一步地考虑与完善。

第九章　研究结论、对策建议与研究展望

第一节　研 究 结 论

随着对天气风险认识的深入，尤其是对于农业这种天气敏感性强的行业，天气指数保险与天气衍生品市场的发展潜力会很大，将成为转移农业天气风险的重要工具。本书在系统全面分析已有研究成果的基础上，对农业天气风险管理的需求进行了分析，探索了农业天气风险管理可行的金融创新路径，在借鉴国外农业天气风险管理金融创新产品成功实践经验的基础上，结合我国的实际情况，开发设计出了天气指数保险合同和天气衍生品合约。得到的主要结论有：

1. 天气风险是农业生产面临的主要风险

通过对农业面临的天气风险、农业对天气气候影响的敏感性、气象条件与农作物生长的关系、天气气候变化对农作物产量和品质影响等的分析，发现农业对天气的敏感性很高，天气风险对农业造成的损失严重，尤其是干旱、洪涝、风雹和低温冻害等对我国农业造成的影响最大。通过使用1990—2009年湖北省78个县市与粮食相关的生产数据和气候数据，运用经济—气候模型（简称C-D-C模型）分析包括气候因子在内的各个因素对湖北省粮食产量的影响，研究结果表明，其他各投入要素对粮食产量具有正向影响，影响大小依次为播种面积、农业劳动力、有效灌溉面积、化肥施用量、机械总动力，技术进步也具有显著正向的作用。平均气温、降水和日照变化均存在对湖北省粮食产量影响的最大值，影响呈“倒U形”结构，说明了粮食生长需要稳定的气温、降水和日照，气温过高、降水过少、日照强度过大会引起干旱；气温过低会产生冻害，降水过多则可能导致洪涝灾害的发生，这些都会对粮食生产产生负面的影响。我国的气温、降水等主要天气指数的波动幅度很大，面临着比较严重的天气风险，天气风险对农业的影响也越来越大，对农业天气风险管理的需求

也越来越强烈，但我国的天气风险管理体系与天气风险管理的有效路径都很缺失。

2. 天气指数保险与天气衍生品是转移农业天气风险的重要工具

在对风险管理可行方法进行论述的基础上，分析了风险自留、风险控制等方法在农业天气风险管理中并不切实可行，在此基础上说明了金融工具能有效转移天气风险，天气风险转移主要有保险转移与非保险转移两种方式，非保险转移以衍生品转移为主，天气指数保险与天气衍生品是转移农业天气风险的重要工具，衍生品与保险产品是天气风险市场的核心。在分析传统农业保险存在的问题、天气指数保险和传统农业保险对比分析的基础上，指出天气指数保险有着合同结构比较标准透明、较低的管理成本、减少逆向选择和道德风险、实用与可流通、具有再保险功能，以及容易与其他金融产品绑定等优势，天气指数保险是对农业保险的创新，能有效转移农业天气风险。天气指数保险与天气衍生品本质上而言都是金融衍生产品，天气指数保险主要用于高风险、低概率的事件，天气衍生品则用于保护低风险、高概率的事件。天气指数保险与天气衍生品有进一步融合的趋势，它们之间的界限会变得逐渐模糊，二者互为补充、互相促进，各有优势，均是转移天气风险的重要金融创新工具。在对天气衍生品和其标的指数进行介绍的基础上，说明了农业生产者等主体运用天气衍生品实现天气风险管理的原理。

3. 我国天气指数保险已处于实践阶段，天气衍生品市场处于探索阶段

分析总结出我国国内的天气指数保险现状：我国部分地区已开始了相关研发与试点，包括上海西瓜梅雨指数保险、安徽水稻天气指数保险、江西蜜橘冻害指数保险、浙江柑橘气象指数保险和水稻暴雨灾害保险、陕西苹果冻害指数保险与龙岩烟叶天气指数保险等。特别总结了上海西瓜梅雨指数保险合同主要内容和试点情况；江西蜜橘冻害指数保险开展情况；指出在世界粮食计划署、世界银行等机构的支持下，安徽水稻天气指数保险的开展情况，具体涉及相关天气风险的分析、指数设计、保险合同描述等，以及安徽小麦天气指数保险的首例赔付。在此基础上对上海西瓜梅雨指数保险、江西蜜橘冻害指数保险和安徽水稻与小麦天气指数保险实践效果进行了分析，指出虽然我国开发天气指数保险面临着较多问题，但是我国也具有一定有利的发展天气指数保险的环境。我国还没有建立天气风险市场，但我国已有一定的基础，具备了开发天气衍生品的基本条件。

4. 国外农业天气风险管理金融创新产品实践及经验启示

总结出国外已经广泛运用天气指数保险来转移天气风险，发达国家较早就对天气指数保险进行了设计，并将其运用于农业天气风险管理；在世界银行、世界粮食计划署等机构的支持下，发展中国家也陆续开展了天气指数保险产品的研发和试点工作；天气指数农业保险在发达国家中推广得较好的是加拿大，在发展中国家中是印度。国外天气衍生品市场起步比较早、发展成熟。结合国外经验，针对天气指数保险方面，指出我国需要成立专门的保险公司、加强气象技术的发展、发展银保模式等；天气衍生品开发方面，可以首先推出哈尔滨、北京、上海、广州、武汉和大连 6 个城市的气温指数，率先设计气温指数天气衍生品合约、首先发展场内交易等。

5. 湖北省稻谷生长期降雨量指数保险合同设计

在阐述天气指数的选取标准、天气指数保险中主要天气变量、天气指数保险赔付触发原理，以及天气指数农业保险基差风险问题的基础上，按照天气指数保险合同的定义设计稻谷干旱指数保险合同与稻谷暴雨灾害指数保险合同。选定期间为稻谷生长期（湖北地区为 3 月到 10 月），天气指标为累积降雨量，仍采用经济-气候模型，使用湖北省 78 个县市面板数据分析的结果显示，累积降水的影响系数是-0.0562，在 1%的水平下统计显著，因为分析的是全省的情况，总体上而言，累积降水过多会减少稻谷产量，但是湖北省地区差异性较大，采用总体的数据不具有针对性，不能反映具体区域的实际情况。因此，在设计累积降雨量指数保险合同时，针对某个具体的风险区域进行了设计，具体选取了孝感、随州、十堰、襄樊市及其辖内各个县市（共 23 个县、市）的面板数据设计干旱指数保险合同；选取江汉平原区域和咸宁市及辖内的面板数据设计暴雨灾害指数保险合同（江汉平原主要包括荆州区域、仙桃、潜江、天门市等，考虑行政区划的变更，加上咸宁市及其辖内各县市，一共有 15 个县、市）。受数据资料限制，只能获得 20 年的数据，因此在设计保险合同时加入一些假设条件，即选取干旱指数保险的起赔点为该区域平均降雨量的 70%，最大赔付点为平均降雨量的 30%；选取暴雨灾害指数保险起赔点为该区域平均降雨量的 130%，最大赔付点为平均降雨量的 170%。模型结果显示，对于十堰、襄樊等干旱区域，累积降水量对稻谷单产有着正的、显著的边际影响，对于江汉平原地区、咸宁市及其辖内县市这些暴雨集中区域，累积降水量在 10%的水平下统计显著，有着显著的负向作用。

6. 武汉市气温看涨期权合约开发

在阐述天气衍生品相关金融产品，包括期货、期权与互换等，特别地，对看涨期权、看跌期权、套保期权、互换、撞入和撞出期权进行示例图形分析的基础上，选取武汉市1990年1月1日至2009年12月31日的每日气温数据，剔除所有闰年2月29日的记录，共计7300项数据进行研究，因气温变化的图形类似于正弦函数，可以用sin函数形式拟合日平均气温的变化路径。模型初步估计的结果显示R^2为0.88，拟合效果较好，但是DW值只有0.4163087，接近于0，模型存在着较严重的序列相关性，为消除这种影响，引入ARMA（Auto Regression Moving Average）模型进行修正，发现引入ARMA（3，2）后，DW值达到1.99969，模型基本上不再有序列相关性，各个系数也非常显著，模型拟合效果很理想。进一步地，对ARMA模型估计结果进行验证，表明预测值和实际值的拟合效果非常好。在介绍气温期权定价模型的基础上，选取气温期权标的指数为GDDs，对ARMA模型的精确度进行了检验：计算得到的预测生长温值比实际数值都偏大，但与实际值很接近；从预测的准确度指数看来，偏差率与方差率的值都很小，协方差率的值很大，说明模型具有很好的拟合效果。计算了气温看涨期权的实际价格与预测拟合价格，以及二者间的相对误差，发现执行指数为$K=1600$的情况下，基线温度为10℃时，出现的预测误差最小，模型预测得到的气温看涨期权的价格较为准确合理。本书基于ARMA的时间序列模型分析了武汉市气温动态变化的过程，实证结果证实该模型有较好的拟合优度，能以此为基础对气温期权产品进行合理定价。

第二节　对策建议

随着气候异常变化频率的增加以及极端天气事件的频繁发生，天气风险对农业生产的影响在不断增大，农业生产者等主体对天气风险管理有着迫切的需求，但我国的农业天气风险管理体系与天气风险管理的有效金融创新路径都很缺失。天气指数保险和天气衍生品作为管理农业天气风险的金融创新产品，能有效转移农业天气风险，但我国这两种金融创新路径的实践和探索都较薄弱，需要采取措施促进天气指数保险和天气衍生品的发展，大力发展天气指数保险、开发出天气衍生品合约以满足我国农业天气风险管理的需求。

1. 培育主体采用金融创新产品管理天气风险的意识

农业生产者等主体通常采用改变土地利用（农业区域和作物的调整）、调整管理措施（如增加灌溉与施肥、改造农业基础设施等）和引进新的作物品种或变种等策略预防和应对农业天气风险，但结合天气风险的特点，这些方法有着一定的局限性。应对天气风险，应建立有效的防灾管理体系与灾害型天气预警发布机制、加强气象灾害风险评估与管理，将气候变化灾害风险知识加以宣传，使公众充分了解相关常识，有效帮助农业生产者等主体去关注天气风险管理（刘玮，2013c），培育和增强公众采用金融创新产品管理风险的意识，通过天气指数保险和天气衍生品等金融创新路径更有效地管理和转移农业天气风险。

2. 加强对农业天气风险管理金融创新路径的探索

相比过去，亚洲极端天气灾害的严重性与频繁性增加了4倍（刘玮，2013c），在农作物严重投保不足、天气衍生品市场尚未兴起的情况下，问题日益严重，迫使政府更多地寻求灾前风险管理解决方案，且越来越重视各国间的合作以及与国际组织的合作，一些国家已经成功地由依赖借款与捐赠转变为独立自主、内生性的风险管理制度。近年来金融与保险领域创造出很多工具来应对天气风险，主要包括天气指数保险与天气衍生品，虽然我国在天气指数保险的开发运用方面已经有所进展，但还是面临着诸多挑战，天气衍生产品还在筹划之中，并没有具体实施。因此，我国应多开展相关的调研工作以获得大量的微观数据，尽快尝试开发出符合我国具体情况的天气衍生品合约，以及对已有的天气指数保险产品进行完善和推广，为管理农业天气风险提供具体可行的路径。我国也应充分意识到金融创新产品是管理农业天气风险的有力工具，应加强对农业天气风险管理金融创新产品路径的探索，开发设计出更多的金融创新工具以管理和转移我国的农业天气风险。

3. 提供良好的环境以促进金融创新产品路径的发展

（1）技术环境。促进气象数据服务的公共性，加强气象技术的发展。气象数据是国家重要的海量基础数据，一般研究机构获得有较大难度，并难以承受其使用成本。天气指数保险与天气衍生品的开发需要大量区域的气象数据资料，期望气象技术部门以公共属性服务产品的方式提供气象数据。我国也应充分认识到气象信息系统与气象资料的基础性作用，通过气象技术水平的提高、气象站覆盖率的扩大等以搜集长期、准确的历史数据为产品的开发提供有力的技术环境。

（2）政策环境。开发天气指数产品需要综合分析多个因素，需要有具备气象、金融、农业和数据分析知识的专家组成的团队等，这些都需要大量的前期投入和有关机构的支持，如印度的私人银行 ICICI 在世界银行的帮助下试行天气指数保险并取得了很好的成绩，现已能够自主经营、自负盈亏，业务也拓展到了全印度（张汝根，2007）。在前期研发和后续推广中都需要大量资金，并承担着较大风险，没有相关的政策支持很难顺利开展，因此政府需要在成本和风险分担上给予一定的政策支持，为金融创新产品的发展提供良好的政策环境。

（3）制度环境。天气指数产品的开发及其市场运作，需要严格的市场监管和操作规范，例如参照国外衍生品的发展状况，如果监管失控就会引发衍生品危机。天气指数产品是一种新型的金融创新产品，它的开发和市场运行还处于萌芽状态。鉴于我国资本市场的发展状况，市场的监管除了需要市场准入、信息披露、交易和风险控制等制度外，还需要加强行业自律的监管，加大法律监管的力度，积极推出立法。此外，天气指数产品涉及气象部门，具有跨行业的特点，由中国人民银行、证监会、银保监会分业监管的模式可能不适用，可以考虑在监管机构中加入中国气象局（封朝议，2010）。良好的制度环境有利于天气指数产品的推广与发展。

第三节　研究展望

我国幅员辽阔，全国各地地理差异较大，气温、降水等天气因素的时空分布不均、天气异常变化幅度较大，对农业天气风险管理的金融创新路径进行探索，不断发展天气指数保险、开发并建立天气衍生品市场，还有很多任务需要完成。

（1）分析天气气候变化对农业生产的影响中，本书采用的是传统 C-D 函数模型，也可以考虑采用其他模型进行测度，看是否更为准确。本书直接分析了湖北省 78 个县市的面板数据，为考虑各个区域的具体情况，以后的研究可以尝试采用聚类分析方法将风险分区，对不同风险区域进行分别讨论（曾小艳等，2012a；曾小艳，2012b；郭兴旭，2010），这样更为准确。

（2）设计天气指数保险合同中，本书的研究方法比较简略，不能准确根据降雨量分布制定费率，今后的研究应搜集更多数据资料、根据具体风险区域的具体作物、将作物生长期更具体划分以制定保险合同，将交易费用纳入天气指数保险合同制定中，等等。此外，由于基差风险的存在，得到的农作物产量与气候变量之间的关系可能与每个农户的实际情况不符，这会削弱天气指数保险对农户的吸引力，如何减少基差风险将成为天气指数保险领域未来的重要课题。天气衍生品的开发中也应搜集更多气候数据与具体作物的资料信息以更精确地制定模型。除 ARMA 模型外，也可以考虑运用其他模型开发气温衍生品。大部分天气衍生品的开发都集中在气温衍生品上面，也可以尝试开发降雨衍生品，如降雨期权等。

（3）农业天气风险管理的金融创新路径不仅仅包括天气指数保险与天气衍生品，还包括其他一些金融产品，为对重点进行集中研究，本书只选取了两种典型的金融创新产品进行研究，后续的研究需要继续深入、全面地探讨其他金融工具在农业天气风险管理中的运用。

（4）本书的实证研究都是针对湖北省各个区域的情况，能为地方政府决策提供一定的依据，也能为其他省份提供借鉴。但今后的研究可以不仅仅限于湖北省，也可以在其他地区运用天气风险管理的金融创新工具管理和转移农业天气风险、减少损失，进而丰富我国金融市场产品、推进金融工程创新和完善天气风险管理体系。

参 考 文 献

[1] 埃里克·班克斯. 天气风险管理：市场、产品和应用 [M]. 李国华译. 北京：经济管理出版社，2010.

[2] 陈强. 高级计量经济学及 Stata 应用 [M]. 北京：高等教育出版社，2010.

[3] 丁一汇. 中国气候变化科学——科学、影响、适应及对策研究 [M]. 北京：中国环境科学出版社，2009.

[4] 冯文丽. 农业保险理论与实践研究 [M]. 北京：中国农业出版社，2008.

[5] 黄季焜，Scott Rozelle. 迈向 21 世纪的中国粮食经济 [M]. 北京：中国农业出版社，1998.

[6] 刘布春，梅旭荣. 农业保险的理论与实践 [M]. 北京：科学出版社，2010.

[7] 庹国柱，李军. 农业保险 [M]. 北京：中国人民大学出版社，2005.

[8] 王雅鹏. 现代农业经济学 [M]. 北京：中国农业出版社，2008.

[9] 叶永刚. 衍生金融工具 [M]. 北京：中国金融出版社，2004.

[10] 张亦春，郑振龙等. 金融市场学 [M]. 北京：高等教育出版社，2009.

[11] 周洛华. 金融工程学（第三版）[M]. 上海：上海财经大学出版社，2011.

[12] 祝燕德，胡爱军，熊一鹏，何逸. 经济发展与天气风险管理 [M]. 北京：中国财经出版社，2006.

[13] 范修远. 气候变化与湖北农业 [A] //发展低碳农业应对气候变化——低碳农业研讨会论文集. 北京：中国农业出版社，2010-06-17.

[14] 蔡丽平. 我国降雨指数期权的开发与设计 [D]. 西南财经大学硕士学位论文，2007.

[15] 陈新建. 湖北省水稻生产风险与灾害补偿机制研究 [D]. 华中农业大学硕士学位论文，2009.

[16] 程静. 农业旱灾脆弱性及其风险管理研究——以湖北省孝感市为例 [D]. 华中农业大学博士学位论文，2011.

[17] 封朝议. 我国企业天气风险管理研究 [D]. 哈尔滨工程大学硕士学位论文，2010.

[18] 高峰. 气候条件对湖北省马铃薯产量的影响 [D]. 华中农业大学硕士学位论文, 2011.

[19] 郭俊梅. 我国金融衍生品市场的发展研究 [D]. 首都经济贸易大学硕士学位论文, 2008.

[20] 郭兴旭. 湖北省油菜种植风险与政策性保险研究 [D]. 华中农业大学硕士学位论文, 2010.

[21] 刘杰. 极端气候事件影响我国农业经济产出的计量经济学分析 [D]. 中国气象科学研究院硕士学位论文, 2011.

[22] 李文芳. 湖北水稻区域产量保险精算研究 [D]. 华中农业大学博士学位论文, 2009.

[23] 李霄. 天气风险管理与天气衍生产品定价研究 [D]. 天津大学硕士学位论文, 2011.

[24] 路平. 东北地区粮食作物气象指数农业保险合同设计 [D]. 清华大学硕士学位论文, 2010.

[25] 裴洁. 我国应对天气风险的保险对策研究 [D]. 河北大学硕士学位论文, 2011.

[26] 钱利明. 天气衍生品定价及在我国的开发 [D]. 浙江大学硕士学位论文, 2010.

[27] 孙朋. 农业气象指数保险产品设计研究——以山东省冬小麦干旱指数保险为例 [D]. 山东农业大学硕士学位论文, 2012.

[28] 王培. 我国气温指数衍生品定价的实验研究 [D]. 南京信息工程大学硕士学位论文, 2012.

[29] 于宁宁. 农业气象指数保险研究 [D]. 山东农业大学硕士学位论文, 2011.

[30] 赵建军. 基于气候变化的水稻旱灾风险及其保险研究——以四川省为例 [D]. 四川农业大学博士学位论文, 2011b.

[31] 蔡运龙. 全球气候变化下中国农业的脆弱性与适应对策 [J]. 地理学报, 1996, 51 (3).

[32] 曹雪琴. 农业保险产品创新和天气指数保险的应用——印度实践评析与借鉴 [J]. 上海保险, 2008 (8).

[33] 陈波, 方伟华, 何飞等. 湘江流域洪涝灾害与降水的关系 [J]. 自然灾害学报, 2008, 17 (1).

[34] 陈盛伟. 农业气象指数保险在发展中国家的应用及在我国的探索 [J].

保险研究，2010（3）.
[35] 陈晓峰．农业保险的发展、挑战与创新——全球天气指数保险的实践探索及政府角色［J］．区域金融研究，2012（8）.
[36] 陈晓峰，黄路．马拉维干旱指数保险试点经验及其对广西甘蔗保险发展的启示［J］．区域金融研究，2010（10）.
[37] 陈小梅．天气指数保险在我国的应用研究［J］．金融与经济，2011（9）.
[38] 陈信华．天气敏感性分析与气候衍生品开发［J］．上海金融，2009（11）.
[39] 程静．农业旱灾风险管理的金融创新路径——天气衍生品［J］．新疆农垦经济，2012（10）.
[40] 储小俊，曹杰．天气指数保险研究述评［J］．经济问题探索，2012（12）.
[41] 崔静，王秀清，辛贤．气候变化对中国粮食生产的影响研究［J］．经济社会体制比较（双月刊），2011a，（2）.
[42] 崔静，王秀清，辛贤，吴文斌．生长期气候变化对中国主要粮食作物单产的影响［J］．中国农村经济，2011b，（9）.
[43] 段兵．气候变化与天气衍生产品创新［J］．南方金融，2010（9）.
[44] 方俊芝，辛兵海．国外农业气候保险创新及启示——基于马拉维的经验分析［J］．金融与经济，2010（7）.
[45] 冯科，胡晓阳．我国城市土地经营可持续发展研究［J］．北京工商大学学报（社会科学版），2009（1）.
[46] 冯文丽，杨美．天气指数保险：我国农业巨灾风险管理工具创新［J］．金融与经济，2011（6）.
[47] 冯相昭，邹骥，马珊，王雪臣．极端气候事件对中国农村经济影响的评价［J］．农业技术经济，2007（2）.
[48] 高娇．指数保险发展：基于印度、蒙古、秘鲁和马拉维的案例分析［J］．农业经济，2012，23（7）.
[49] 关伟，郑适，马进．论农业保险的政府支持、产品及制度创新［J］．管理世界，2005（9）.
[50] 胡爱军，祝燕德，何逸，熊一鹏．天气风险管理策略分析［J］．经济地理，2006，26（12）.
[51] 胡爱军，祝燕德，熊一鹏，何逸．论非灾难性天气风险管理［J］．金融经济，2007（2）.
[52] 胡正，董青马．天气风险管理及其最新研究进展［J］．南方金融，2010

(9).
[53] 黄小玉．我国农业天气风险管理的问题及对策［J］．商业时代，2007(30).
[54] 黄亚林．干旱地区天气指数农业保险的国际借鉴［J］．农业经济，2012(12).
[55] 霍治国，李世奎，王素艳等．主要农业气象灾害风险评估技术及其应用研究［J］．自然资源学报，2003，18（6）.
[56] 刘景荣．气象灾害对经济发展的影响及对策［J］．山西财经大学学报，2009（2）.
[57] 刘莉薇，杨亚萌，康宁．异常天气保险应纳入上海世博会应急机制［J］．上海金融，2010（3）.
[58] 刘天军，蔡起华，朱玉春．气候变化对苹果主产区产量的影响——来自陕西省 6 个苹果生产基地县 210 户果农的数据［J］．中国农村经济，2012(5).
[59] 刘映宁，贺文丽，李艳莉等．陕西果区苹果花期冻害农业保险风险指数的设计［J］．中国农业气象，2010（1）.
[60] 李黎，张羽．农业自然风险的金融管理——天气衍生品的兴起［J］．证券市场导报，2006（3）
[61] 李鑫．我国农业保险的现状及天气衍生品在农业保险中的作用［J］．金融经济，2008（8）.
[62] 李永，夏敏，梁力铭．基于 O-U 模型的天气衍生品定价研究——以气温期权为例［J］．预测，2012（2）.
[63] 李永，夏敏，吴丹．O-U 模型在天气衍生品定价中的合理性测度［J］．统计与决策，2011（21）.
[64] 龙方，杨重玉，彭澧丽．自然灾害对中国粮食产量影响的实证分析——以稻谷为例［J］．中国农村经济，2011（5）.
[65] 娄伟平，吉宗伟，邱新法等．茶叶霜冻气象指数保险设计［J］．自然资源学报，2011，26（12）.
[66] 娄伟平，吴利红，陈华江等．柑橘气象指数保险合同费率厘定分析及设计［J］．中国农业科学，2010a，43（9）.
[67] 娄伟平，吴利红，姚益平．水稻暴雨灾害保险气象理赔指数设计［J］．中国农业科学，2010b，43（3）.
[68] 毛裕定，吴利红，苗长明，姚益平，苏高利．浙江省柑橘冻害气象指数保

险参考设计 [J]. 中国农业气象，2007 (2).
[69] 牛思力. 我国天气保险业应对气象灾害的长远发展策略研究 [J]. 价值工程，2012 (26).
[70] 蒲成毅. 农业风险管理与保险技术的创新 [J]. 江西财经大学学报，2006 (6).
[71] 丑洁明，叶笃正. 构建一个经济-气候新模型评价气候变化对粮食产量的影响 [J]. 气候与环境研究，2006，11 (3).
[72] 施红. 美国农业保险财政补贴机制研究回顾：兼对中国政策性农业保险补贴的评析 [J]. 保险研究，2008 (4).
[73] 孙南申，彭岳. 自然灾害保险的产品设计与制度构建 [J]. 上海财经大学学报，2010，12 (3).
[74] 孙香玉，钟甫宁. 福利损失、收入分配与强制保险——不同农业保险参与方式的实证研究 [J]. 管理世界，2009 (5).
[75] 涂春丽，王芳. 基于神经网络和蒙特卡洛方法的天气衍生品定价研究 [J]. 中原工学院学报，2012，23 (3).
[76] 王卉彤. 气候变化挑战下的国际金融衍生品市场新动向及其对中国的启示 [J]. 财政研究，2008 (6).
[77] 王向辉，雷玲. 气候变化对农业可持续发展的影响及适应对策 [J]. 云南师范大学学报（哲学社会科学版），2011，43 (4).
[78] 王政. 基于气温指数的天气期权定价研究 [J]. 商业经济，2012 (2).
[79] 王子牧. 浅谈我国发展天气衍生品的策略 [J]. 山西财经大学学报，2011，43 (4).
[80] 魏华林，吴韧强. 天气指数保险与农业保险可持续发展 [J]. 财贸经济，2010 (3).
[81] 魏思博，马琼. 天气指数农业保险研究——以河北省农村为例 [J]. 金融教育研究，2011，24 (6).
[82] 吴海峰. 国外金融市场对气象风险管理的方法 [J]. 浙江金融，2006 (12).
[83] 吴利红，娄伟平，姚益平等. 水稻农业气象指数保险产品设计——以浙江省为例 [J]. 中国农业科学，2010，43 (23).
[84] 西爱琴，陆文聪，梅燕. 农户种植业风险及认知比较研究 [J]. 西北农林科技大学学报（社会科学版），2006 (4).
[85] 肖风劲，张东海，王春乙等. 气候变化对我国农业的可能影响及适应性对

策［J］. 自然灾害学报，2006（6）.
［86］肖宏．天气衍生品在农业风险管理中的应用［J］. 资源环境与发展，2008（3）.
［87］谢琼，王雅鹏．从典型相关分析洞悉我国粮食综合生产能力［J］. 数理统计与管理，2009（11）.
［88］谢世清，梅云云．天气衍生品的运作机制与精算定价［J］. 财经理论与实践（双月刊），2011，32（174）.
［89］谢玉梅．系统性风险、指数保险与发展中国家实践［J］. 财经论丛，2012（3）.
［90］徐怀礼．国外天气衍生品市场现状及对我国农业灾害风险管理的启示［J］. 现代商贸工业，2007（19）.
［91］杨霞，李毅．中国农业自然灾害风险管理研究——兼论农业保险的发展［J］. 中南财经政法大学学报，2010（6）.
［92］杨雪美，冯文丽．试论构建我国农业巨灾风险管理策略——基于风险转嫁视角［J］. 金融与经济，2011（2）.
［93］尹晨，许晓茵．论天气衍生产品与农业风险管理［J］. 财经理论与实践（双月刊），2007，28（145）.
［94］尹宜舟，Marco Gemmer，罗勇等．台风灾害气象指数保险相关技术方法初探［J］. 自然灾害学报，2012（3）.
［95］于宁宁，陈盛伟．天气指数保险国内外研究综述［J］. 农业经济，2009（4）.
［96］曾小艳，陶建平，郭兴旭．湖北省油菜种植风险的区划研究［J］. 中国油料作物学报，2012a，34（5）.
［97］曾小艳，田治威，李伟．金融危机后中国木质林产品出口贸易形势与对策［J］. 林业经济，2012b，（6）.
［98］曾玉珍，穆月英．农业风险分类及风险管理工具适用性分析［J］. 经济经纬，2011（2）.
［99］张惠茹．指数保险合约——农业保险创新探析［J］. 中央财经大学学报，2008（11）.
［100］张汝根．我国实施农业气候保险的探讨［J］. 财会月刊，2007，24（8）.
［101］张宪强，潘勇辉．农业气候指数保险的国际实践及对中国的启示［J］. 社会科学，2010（1）.
［102］张艳．气候风险保险及应对策略研究综述［J］. 保险职业学院学报（双

月刊)，2012，26（5）.
[103] 詹花秀．建设社会主义新农村与财政支农资金注入方式研究［J］. 长白学刊，2007（3）.
[104] 赵红军．气候变化是否影响了我国过去两千年间的农业社会稳定？——一个基于气候变化重建数据及经济发展历史数据的实证研究［J］. 经济学（季刊)，2012，11（2）.
[105] 赵建军．气候变化对我国农业受灾面积的影响分析——基于1951—2009年的数据分析［J］. 农业技术经济，2011a，(37).
[106] 郑小琴，赖焕雄，徐宗焕．台湾热带优良水果（寒）冻害气象保险指数设计［J］. 西南农业学报，2011，24（4）.
[107] 郑艳．适应性城市：将适应气候变化与气候风险管理纳入城市规划［J］. 城市发展研究，2012，19（1）.
[108] 周曙东，周文魁，林光华等．未来气候变化对我国粮食安全的影响［J］. 南京农业大学学报（社会科学版)，2013，13（1）.
[109] 周曙东，朱红根．气候变化对中国南方水稻产量的经济影响及其适应策略［J］. 中国人口·资源与环境，2010，20（10）.
[110] 朱俊生．中国天气指数保险试点的运行及其评估——以安徽省干旱和高温热害指数保险为例［J］. 保险研究，2011（3）.
[111] 朱再清，陈方源．湖北省粮食总产波动状况及其原因分析［J］. 华中农业大学学报（社会科学版)，2003（2）.
[112] 祝燕德，胡爱军，何逸，熊一鹏．天气衍生产品与天气风险管理［J］. 气象软科学，2008（1）.
[113] 陈磊．做好极端天气气候事件防范应对工作——我国保险公司将推出天气保险［N］. 中国气象报，2007-4-28.
[114] 付磊．应用天气指数产品有效转移农业风险［N］. 中国保险报，2011-11-3.
[115] 龚萍，周博．天气类衍生品是天气风险管理的有效工具［N］. 期货日报，2010-4-6.
[116] 鞠珍艳．发达国家各具特色的“天气保险”［N］. 中国保险报，2009-7-7.
[117] 刘玮．2012 年全球灾害回顾与应对（一）［N］. 中国保险报，2012-12-31.
[118] 刘玮．2012 年全球灾害回顾与应对（四）［N］. 中国保险报，2013a-

1-21.

[119] 刘玮 . 2012 年全球灾害回顾与应对（二）[N]. 中国保险报，2013b-1-7.

[120] 刘玮 . 2012 年全球灾害回顾与应对（五）[N]. 中国保险报，2013c-1-28.

[121] 李继学 . 气象指数保险进入“试验田”[N]. 中国财经报，2008-4-29.

[122] 王珊珊 . 安徽完成天气指数保险首例赔付 [N]. 中国保险报，2011-5-16.

[123] 吴红军 . 天气风险亦需管理 [N]. 金融时报，2010-7-15.

[124] 于莹慧 . 气象指数保险进入“试验田”[N]. 中国财经报，2008-04-30.

[125] 赵彤刚 . 大商所拟推出“天气期货”合约 [N]. 中国证券报，2006-6-8.

[126] 钟微 . 将气象指数运用于保险理赔——江西气象助力农业保险 [N]. 中国气象报，2013-1-22.

[127] 黄德利 . 国外气候保险介绍 [EB/OL]. http：//news. mso. com. cn/298_bairenmunihei/ 3619281. html，2010-10-12.

[128] Alaton P. , Djehiche M. , Stillberger D. . On Modeling and Pricing Weather Derivatives. *Applied Mathematical Finance*, 2002, 9 (1): 1-20.

[129] Barnett B. , C. B. Barrett, Skees J. R. . Poverty Traps and Index-Based Risk Transfer Products. *World Development*, 2008 (36): 1766-1785.

[130] Barnett B. J. , Mahul O. . Weather Index Insurance for Agriculture and Rural Areas in Lower Income Countries. *American Journal of Agricultural Economics*, 2007 (89): 1241-1247.

[131] Barnett J, Barry J, Black R, et al. . Is Area-yield Insurance Competitive with Farm Yield Insurance? *Journal of Agricultural and Resource Economics*, 2005, 30 (2): 285-301.

[132] Bokusheva R. . Measuring Dependence in Joint Distributions of Yield and Weather Variables. *Agricultural Finance Review*, 2011 (71): 120-141.

[133] Campbell S. D. , Diebold F. X. . Weather Forecasting for Weather Derivatives. *Journal of the American Statistical Association*, 2005, 100 (469): 6-16.

[134] Cao M. , J. Wei. Weather Derivatives Valuation and Market Price of Weather. *The Journal of Future Markets*, 2004, 24 (11): 1065-1089.

[135] Carlo Cafiero, Federica Angelucci, Fabian Capitanio, Michele Vollaro. Index Based Compensation for Weather Risk in the Italian Agriculture. A Feasibility

Study Based on Actual Historic Data. http: //purl. umn. edu/9261. 2007.

[136] C. C. Chang. The Potential Impact of Climate Change on Taiwan's Agriculture. *Agriculture Economics*, 2002, 27: 51-64.

[137] Chantarat S. , Barrett C. B. , Mude A. G. , Turvey C. G. . Using Weather Index Insurance to Improve Drought Response for Famine Prevention. *American Journal of Agricultural Economics*, 2007 (89): 1262-1268.

[138] Cooper, Valerie. Taking Mother Nature. *Risk Management*, 2009, 56 (5): 32-36.

[139] Cummins J. D. , Trainar P. . Securitization, Insurance and Reinsurance. *Journal of Risk and Insurance*, 2009 (76): 463-492.

[140] Daniel J. Clarke, Olivier Mahul, Niraj Verma. Index Based Crop Insurance Product Design and Ratemaking. *Policy Research Working Paper*, The World Bank, 2012.

[141] Davis M. , Pricing Weather Derivatives by Marginal Value. *Quantitative Finance*, 2001 (1): 1-4.

[142] Dischel B. . At Last: A Model for Weather Risk. *Energy Power and Risk Management*, 1998, 11 (3): 20-21.

[143] Dischel R. Double Trouble: Hedging. Weather Risk: a special report. *Risk Magazine and Energy and Power Risk Management August*, 24-26, 2001.

[144] Giné X. , et al. . Patterns of Rainfall Insurance Participation in RuralIndia. *World Bank Economic Review*, February 2007.

[145] Glauber J. W. . Crop Insurance Reconsidered. *American Journal of Agricultural Economics*, 2004, 86 (5): 1179-1195.

[146] HärdleW. , López C. B. . Implied Market Price of Weather Risk. *Discussion Paper*, Humboldt University of Berlin, 2009.

[147] Hazell P B R, Skees J R. Potential for Rainfall Insurance in Nicaragua. *Report to the World Bank*, 1998.

[148] Hess U. Innovative financial Services for Rural India. *Agriculture and Rural Development (ARD) Working Paper*, the World Bank, Washington, DC, 9, 2003.

[149] James W. Taylor. Roberto Buizza. Density Forecasting for Weather Derivative Pricing. *International Journal of Forecasting*, 2006, 22 (1): 29-42.

[150] Jerry Robert Skees. Developing Rainfall-based Index Insurance in Morocco.

World Bank Publications, 2001.

[151] Jerry Skees, Peter Hazell, Mario Miranda. New Approaches to Public/Private Crop Yield Insurance. *To be published by The World Bank*, Washington, DC, USA, 1999.

[152] Jewson Stephen, Brix Anders. Weather Derivative Valuation: The Meteorological, Statistical, Financial and Mathematical Foundations. Cambridge University Press, 2005.

[153] Kelkar U.. Adaptive Policy Case Study: Weather-Indexed Insurance for Agriculture in India. *IISD-TERI-IDRC Project*, 2006.

[154] Kunreuther H, Meszaros J, Hogarth R M, et al.. Ambiguity and Underwriter Decision Processes. *Journal of Economic Behavior and Organization*, 1995, 26: 337-352.

[155] Kunreuther H, Pauly M. Ignoring disaster, don't sweat big stuff. *Wharton Risk Center Working Paper* 01-16-*HK*, Wharton Business School, University of Pennsylvania, 2001.

[156] Leblois A., Quirion Philippe. Agricultural Insurances Based on Meteorological Indices: Realizations, Methods and Research Challenges. *FEEM Working Paper*, 2010.

[157] LE Thi Thuy Van. Climate Change and Sustainable Development in East Asia: Impacts and policy challenges. *Resources & Industries*, 2012, 14 (6): 25-30.

[158] Mario Miranda, Dmitry V. Vedenoy. Innovation in Agricultural and Natural Disaster Insurance. *American Journal of Agricultural Economics*, 2001 (8): 650-655.

[159] Martin S. W., B. J. Barnett, K. H. Coble. Developing and Pricing Precipitation Insurance. *Journal of Agricultural and Resource Economics*, 2001 (1): 261-274.

[160] Mendelsohn R., Nordhaus W., Shaw D.. The Impact of Global Warming on Agriculture: A Ricardian Analysis, *American Economic Review*, 1994, 84 (4): 753-771.

[161] Montagner, Hélène Rainellí Le, Isabelle Huault. A market for weather risk? Worlds in conflict and compromising. *Working Paper Series*, 2009.

[162] Odening M., O. Musshoff, Xu W.. Analysis of Rainfall Derivatives Using Daily Precipitation Models: Opportunities and Pitfalls. *Agricultural Finance*

Review, 2007 (67): 135-156.

[163] Oemoto, Stevenson. Hot or cold? A Comparison of Different Approaches to the Pricing of Weather Derivatives. *Journal of Emerging Market Finance*, 2005, 4 (2): 101-133.

[164] Patrick Brockett, Linda Golden, Min-Ming Wen, Charles C. Yang. Pricing Weather Derivatives Using the Indifference Pricing Approach. *North American Actual Journal*, 2010 (13): 3-13.

[165] Patrick L. Brockett, Mulong Wang, Chuanhou Yang. Weather Derivatives and Weather Risk Management. *Risk Management and Insurance Review*, 2005, 8 (1): 127-140.

[166] Rainer Holst, Xiaohua Yu, Carola Grün. Climate Change, Risk and Grain Production inChina. *Discussion Papers*, Courant Research Center, "Poverty, Equity and Growth in Developing and Transition Countries: Statistical Methods and Empirical Analysis", 2011.

[167] Raphael N. Karuaihe, Holly H. Wang, Douglas L. Young. Weather-Based Crop Insurance Contracts for African Countries. *Contributed Paper Prepared for Presentation at International Association of Agricultural Economists Conference*, Gold Coast, Australia, August 12-18, 2006.

[168] Rejda G E. Principles of Risk Management and Insurance. *7th ed. Boston: Addison Wesley Longman*, 2001.

[169] Roman Hohl, Yuanyong Long. Setting up Sustainable Agricultural Insurance: the Example of China. *Swiss Reinsurance Company Ltd*, 2008.

[170] Ruck T. Hedging precipitation risk. *In*: German H. Insurance and Weather Derivatives: from Exotic Options to Exotic Underlyings. *London: Risk Books*, 1999.

[171] Skees J., et al., New Approaches to Crop Yield Insurance in Developing Countries. *EPTD Discussion Paper*, No. 55, November 1999.

[172] Skees J. R., Miranda M. J.. Rainfall risk contracts for Nicaragua. *Report to the World Bank*, Washington, DC, 1998.

[173] Skees J. R.. Opportunities for Improved Efficiency in Risk Sharing Using Capital Markets. *American Journal of Agricultural Economics*, 1999 (81): 1228-1233.

[174] Sloan D., L. Palmer, H. Burrow. A Broker's View. *Global Reinsurance*, 2002

(2): 22-25.

[175] Smit B., Cai Y. Climate change and agriculture inChina. *Global Environmental Change*, 1996, 6 (3): 205-214.

[176] Sveca J., Stevens M.. On Modeling and Forecasting Temperature Based Weather Derivatives. *Global Finance Journal*, 2007, 18 (2): 185-204.

[177] The World Bank Agriculture & Rural Development Department. Innovation in Managing Production Risk. *The World Bank*, Washington, DC, 2005.

[178] Turvey. Weather Risk and the Viability of Weather Insurance inChina's Gansu, Shanxi, and Henan Provinces. http://purl. umn. edu/49362, 2009.

[179] Wang H., Zhang H.. On the Possibility of a Private Crop Insurance Market: a Spatial Statistics Approach. *Journal of Risk and Insurance*, 2003 (70): 111-124.

[180] Woodard J., Garcia P.. Basis Risk and Weather Hedging Effectiveness. *Agricultural Finance Review*, 2008 (68): 111-124.

[181] Xiaohui Deng, Barry J. Barnett, Dmitry V. Vedenov et al.. Hedging dairy production losses using weather-based index insurance. *Agricultural Economics*, 2007 (36): 271-280.

[182] Xu W., Filler G., Odening M., Okhrin O.. On the Systemic Nature of Weather Risk. *Agricultural Finance Review*, 2010 (70): 267-284.

附　录

附表 1　**2005—2009 年湖北各县（市、区）粮食产量数据**　（单位：吨）

	2005 年	2006 年	2007 年	2008 年	2009 年
武汉市辖	147923	149683	121387	138564	146592
蔡甸区	171747	161701	143839	157680	172758
江夏区	329812	305852	236244	259042	292071
黄陂区	421851	431942	378605	417790	418394
新洲区	303833	307493	301625	324207	329111
黄石市辖	8098	7648	6300	7544	7360
大冶市	307362	314683	253100	259645	274897
阳新县	322318	326912	287300	314190	334184
十堰市辖	6238	6709	13800	6814	6465
丹江口市	78632	110264	137300	120936	129709
郧县	136765	153287	174700	189511	208536
郧西县	164912	196737	176700	194597	205876
竹山县	143655	205632	148600	217735	219637
竹溪县	147193	147229	156400	207579	217316
房县	113099	140679	125700	160296	164569
荆州市辖	693913	640545	613685	630958	719812
松滋县	378401	380821	315546	351166	363944
公安县	534894	547347	501645	515167	537119
石首市	251839	240381	224616	231099	250377

续表

	2005 年	2006 年	2007 年	2008 年	2009 年
监利县	859559	873880	986472	1157448	1246651
洪湖市	524472	531742	549436	559457	586599
宜昌市辖	11637	28120	26300	25202	26532
夷陵区	200251	204193	179200	208610	214938
宜都市	135139	139080	119000	120898	124759
枝江市	288401	289932	298600	301989	312958
当阳市	333676	342901	404500	424833	439570
远安县	86595	90300	85100	94511	97649
兴山县	72582	70448	54300	63359	65259
秭归县	115973	115294	88500	92875	97087
长阳县	120977	124953	102500	105317	113646
五峰县	91001	93031	65000	79814	87559
襄樊市辖	240917	259883	293083	286421	350387
老河口市	273162	303395	349798	321027	324618
襄阳区	879767	952112	878527	1100692	1200004
枣阳市	816886	886574	996962	1155627	1200185
宜城市	462897	483301	461277	520596	556689
南漳县	298820	335379	360671	366348	377101
谷城县	201806	224009	245820	255046	257133
保康县	92075	102500	111243	114959	116361
鄂州市	294826	310921	243600	323404	340564
荆门市辖	867604	881798	946900	908180	1043866
钟祥市	676712	694042	743700	793279	816476
京山县	607955	513485	552000	612313	653663
孝感市辖	538744	549490	485500	497200	530996
大悟县	267721	268634	234400	298738	314861

续表

	2005 年	2006 年	2007 年	2008 年	2009 年
安陆市	328951	332609	347000	353085	367728
云梦县	229149	233123	222800	231893	239586
应城市	367007	357476	280900	367773	375158
汉川市	408555	406892	401100	427500	460384
黄冈市辖	212810	210691	213097	234833	249499
红安县	266337	252035	253759	294837	307217
麻城市	495812	486580	494267	508458	500596
罗田县	192806	200221	216187	213552	220580
英山县	164327	167307	183420	178481	185495
浠水县	437955	413702	383594	432590	440316
蕲春县	359116	372016	369854	412687	439119
武穴市	316729	315278	256796	327724	368104
黄梅县	381277	417931	393695	404841	406670
咸安区	184443	183843	144950	169955	196260
嘉鱼县	163471	167974	154280	182466	193894
赤壁市	216293	221167	185930	203575	226100
通城县	155686	202356	166610	201057	206701
崇阳县	192047	200433	183450	200550	214496
通山县	106413	107027	66280	70136	87648
随州市	2139922	2236115	2280000	2494003	2565152
广水市	419542	420873	399800	431837	431884
恩施市	244639	223236	172803	217796	221067
建始县	222023	223219	179118	217023	374701
巴东县	200201	200215	173339	215517	232587
利川市	347046	387588	294595	348087	222882
宣恩县	135279	141656	101698	127820	131670

续表

	2005 年	2006 年	2007 年	2008 年	2009 年
咸丰县	162976	138563	111936	188549	202234
来凤县	137845	133570	96978	125843	128786
鹤峰县	92843	97982	76382	90438	92581
仙桃市	657133	655628	544500	673424	712111
天门市	478204	497057	520100	568829	600450
潜江市	375092	383547	333100	364906	388744
神农架	18868	17734	16600	20385	21046

数据来源：根据《湖北农村统计年鉴》整理。

附表 2　**2005—2009 年湖北各县（市、区）稻谷产量数据**　（单位：吨）

	2005 年	2006 年	2007 年	2008 年	2009 年
武汉市辖	72046	73803	48930	50984	57698
蔡甸区	124743	115316	102846	107933	114976
江夏区	267011	256057	203229	201958	228570
黄陂区	371745	380559	347286	370381	369324
新洲区	269829	272830	273309	287209	287651
黄石市辖	4538	4834	3400	5340	5027
大冶市	233836	240847	201200	206519	216675
阳新县	226186	231115	218100	233669	244634
十堰市辖	1385	1446	2600	1430	1485
丹江口市	28391	40148	39500	42373	44103
郧县	30008	29610	28000	30514	38106
郧西县	21275	24229	22900	23923	25355
竹山县	37727	44060	38400	48688	47861
竹溪县	38402	39421	48800	53337	53887
房县	37252	49935	45900	54121	53073

续表

	2005 年	2006 年	2007 年	2008 年	2009 年
荆州市辖	573447	505228	471586	498415	568426
松滋县	287194	282228	252744	286622	284685
公安县	488816	487161	421052	442131	457865
石首市	243607	232401	216784	225388	240881
监利县	820700	829268	945394	1113780	1186377
洪湖市	431747	441869	438640	456685	477655
宜昌市辖	4521	5553	5153	5319	4386
夷陵区	79686	74387	75134	71916	72604
宜都市	50678	47706	41324	39577	37428
枝江市	210595	203692	210007	217461	218219
当阳市	219789	204424	232585	239424	245878
远安县	53282	55348	55629	59070	60339
兴山县	14911	13822	13667	13737	13132
秭归县	17919	17984	17201	16659	17438
长阳县	14940	13557	15097	15023	15467
五峰县	2186	1963	1603	1600	1512
襄樊市辖	150580	153178	149824	130232	184018
老河口市	114783	116220	99474	105596	112868
襄阳区	369543	348269	253455	383132	455443
枣阳市	371939	343995	390034	455225	467447
宜城市	307323	295648	267561	302775	317058
南漳县	164089	175571	178970	180824	191892
谷城县	120922	124670	125268	125561	126825
保康县	22107	21422	20597	23840	24070
鄂州市	254385	268133	209400	277927	284449
荆门市辖	740619	687135	714700	753688	827282

续表

	2005 年	2006 年	2007 年	2008 年	2009 年
钟祥市	512270	504506	526700	559857	574741
京山县	387605	382379	398300	430399	451933
孝感市辖	447846	451250	387500	410079	433064
大悟县	203571	201989	184700	226266	237671
安陆市	266492	263655	265400	266738	275603
云梦县	190146	191641	185600	188128	192425
应城市	340415	326660	246600	325369	328081
汉川市	353020	338705	317600	353055	381375
黄冈市辖	198405	191703	190349	205856	210882
红安县	242098	222537	228001	260605	268425
麻城市	426656	415059	420103	426518	428359
罗田县	150475	158879	164020	167920	172787
英山县	121574	120639	123015	124979	126648
浠水县	382345	363500	363025	381700	406467
蕲春县	323057	338433	357011	374836	386848
武穴市	292871	287772	240026	299983	341186
黄梅县	334927	363018	355010	366142	360106
咸安区	139000	135366	128600	155741	168256
嘉鱼县	128203	131241	110050	140005	152038
赤壁市	187453	189513	164210	190244	208228
通城县	144852	163127	158090	187944	192931
崇阳县	147617	152164	143380	162912	162653
通山县	46884	48382	36660	39210	58142
随州市	1565918	1571266	1570300	1716670	1764476
广水市	327340	327700	309300	339118	335652
恩施市	62266	39260	41163	49650	49104

续表

	2005年	2006年	2007年	2008年	2009年
建始县	28087	22272	18810	18309	134822
巴东县	10359	8964	8363	10090	25010
利川市	114414	125148	106796	125485	10743
宣恩县	54863	51134	40333	50570	53701
咸丰县	68011	52265	46575	65717	66510
来凤县	56244	52904	40669	53952	56894
鹤峰县	18649	16920	13292	15167	15773
仙桃市	578318	563610	452500	555042	573582
天门市	369629	358443	353300	411893	424407
潜江市	301899	280980	223000	268521	274447
神农架	375	390	400	440	459

数据来源：根据《湖北农村统计年鉴》整理。

附表3　**2005—2009年湖北各县（市、区）年平均气温**　（单位：℃）

	2005年	2006年	2007年	2008年	2009年
武汉市辖	17.87	18.39	18.58	17.75	17.90
蔡甸区	17.42	17.93	18.21	17.53	17.50
江夏区	17.62	17.85	18.13	17.42	17.57
黄陂区	16.72	17.25	17.56	16.71	16.97
新洲区	17.07	17.67	17.92	17.04	17.38
黄石市辖	18.01	18.17	18.24	17.48	17.73
大冶市	17.85	18.55	18.65	17.88	18.05
阳新县	17.96	18.53	18.80	18.23	18.15
十堰市辖	15.29	16.31	16.03	15.32	15.36
丹江口市	16.17	17.20	16.81	16.07	16.05
郧县	15.92	16.86	16.68	16.02	15.93

续表

	2005 年	2006 年	2007 年	2008 年	2009 年
郧西县	15. 15	16. 27	16. 04	15. 22	15. 38
竹山县	15. 51	16. 41	16. 15	15. 60	15. 91
竹溪县	14. 29	15. 04	14. 71	13. 93	14. 37
房县	14. 45	15. 30	14. 99	14. 53	14. 82
荆州市辖	16. 43	17. 22	17. 28	16. 97	17. 19
松滋县	17. 34	17. 98	17. 95	17. 55	17. 67
公安县	17. 23	17. 77	17. 89	17. 39	17. 62
石首市	17. 34	17. 76	18. 00	17. 56	17. 57
监利县	17. 52	18. 21	18. 40	17. 82	17. 96
洪湖市	17. 51	17. 85	18. 16	17. 61	17. 80
宜昌市辖	17. 47	18. 15	17. 98	17. 34	17. 43
夷陵区	16. 66	17. 34	17. 17	16. 55	16. 78
宜都市	17. 13	17. 99	17. 91	17. 25	17. 59
枝江市	17. 37	17. 94	17. 99	17. 35	17. 41
当阳市	16. 98	17. 49	17. 46	16. 72	16. 86
远安县	16. 65	17. 20	17. 12	16. 54	16. 68
兴山县	17. 11	17. 84	17. 46	16. 92	17. 54
秭归县	16. 50	17. 36	16. 99	16. 33	16. 52
长阳县	16. 84	17. 49	17. 33	16. 74	16. 90
五峰县	14. 86	15. 74	15. 41	14. 89	15. 25
襄樊市辖	16. 08	16. 85	16. 75	16. 28	16. 15
老河口市	16. 03	16. 68	16. 58	16. 01	15. 99
襄阳区	15. 93	16. 63	16. 63	16. 09	16. 03
枣阳市	16. 11	16. 73	16. 76	16. 15	16. 42
宜城市	15. 84	16. 54	16. 59	16. 01	16. 02
南漳县	15. 72	16. 43	16. 45	15. 95	15. 61

续表

	2005 年	2006 年	2007 年	2008 年	2009 年
谷城县	15. 97	16. 76	16. 78	16. 32	16. 09
保康县	15. 17	16. 03	15. 86	15. 24	15. 56
鄂州市	17. 61	18. 11	18. 08	17. 75	18. 06
荆门市辖	16. 75	17. 24	17. 32	16. 41	16. 39
钟祥市	16. 75	17. 32	17. 38	16. 86	16. 73
京山县	17. 10	17. 68	17. 94	16. 95	16. 74
孝感市辖	16. 61	17. 14	17. 47	16. 68	16. 89
大悟县	15. 76	16. 67	16. 97	16. 30	16. 25
安陆市	16. 55	17. 20	17. 47	16. 73	16. 74
云梦县	16. 80	17. 22	17. 69	16. 87	16. 93
应城市	16. 57	16. 97	17. 44	16. 63	16. 74
汉川市	17. 04	17. 43	17. 73	16. 96	17. 33
黄冈市辖	17. 73	18. 39	18. 09	17. 34	17. 63
红安县	16. 28	17. 07	17. 22	16. 40	16. 60
麻城市	17. 01	17. 71	17. 85	16. 85	17. 29
罗田县	16. 86	17. 49	17. 63	16. 77	17. 11
英山县	16. 66	17. 25	17. 43	16. 57	16. 95
浠水县	17. 93	18. 53	18. 63	17. 69	18. 06
蕲春县	17. 77	18. 35	18. 46	17. 72	17. 95
武穴市	17. 30	17. 75	17. 96	17. 30	17. 30
黄梅县	17. 42	18. 09	18. 46	17. 76	17. 91
咸安区	17. 61	18. 16	18. 41	17. 10	17. 30
嘉鱼县	18. 16	18. 79	18. 67	18. 03	17. 87
赤壁市	17. 70	18. 35	18. 71	17. 95	18. 07
通城县	17. 31	17. 91	18. 22	17. 60	17. 77
崇阳县	17. 78	18. 31	18. 57	18. 01	18. 07

续表

	2005 年	2006 年	2007 年	2008 年	2009 年
通山县	17.49	17.99	18.26	17.47	17.62
随州市	16.11	16.64	16.80	15.49	15.61
广水市	16.36	16.95	17.17	16.39	16.59
恩施市	16.49	17.42	16.70	16.50	16.72
建始县	15.51	16.43	15.95	15.57	16.11
巴东县	17.39	18.31	17.75	17.31	17.61
利川市	12.90	13.72	13.50	13.15	13.67
宣恩县	15.82	16.53	16.06	15.56	16.13
咸丰县	14.11	15.10	14.74	14.43	14.67
来凤县	16.30	17.15	16.91	16.48	16.92
鹤峰县	15.76	16.40	16.20	16.05	16.20
仙桃市	17.46	18.00	18.16	17.48	17.63
天门市	17.33	18.13	18.22	17.48	17.74
潜江市	17.31	17.13	17.35	16.63	16.95
神农架	12.46	12.96	12.95	12.19	12.78

数据来源：根据湖北省气象局数据整理。

附表 4　**2005—2009 年湖北各县（市、区）年平均降水总量**（单位：mm）

	2005 年	2006 年	2007 年	2008 年	2009 年
武汉市辖	1116.6	2493.3	2029.1	1266.8	1158.0
蔡甸区	1084.9	2429.6	2580.5	1306.0	1071.0
江夏区	1108.6	3246.4	2395.4	1009.5	1333.5
黄陂区	1051.7	1958.8	2375.1	1301.2	930.6
新洲区	1158.7	2016.5	2473.8	1139.4	1069.5
黄石市辖	1230.6	2435.3	2304.6	1225.3	1363.4
大冶市	1250.5	2461.0	2186.9	1242.7	1360.3

续表

	2005年	2006年	2007年	2008年	2009年
阳新县	1322.3	2217.6	1909.1	1318.6	1278.5
十堰市辖	977.2	1833.2	1694.8	826.4	1016.5
丹江口市	951.5	1618.7	1536.8	853.7	733.7
郧县	845.3	1683.4	1459.3	794.1	916.7
郧西县	1070.9	1818.5	1480.9	788.3	830.8
竹山县	1088.3	1527.4	1563.9	865.1	762.5
竹溪县	1107.8	1797.2	1478.2	997.5	969.8
房县	1156.2	1584.4	1675.4	830.7	725.7
荆州市辖	866.2	3085.1	1728.0	979.2	984.8
松滋县	906.4	2827.4	2436.1	1089.7	1105.4
公安县	1008.7	2961.9	2019.2	1262.0	999.1
石首市	1091.9	2519.0	2464.9	1333.6	1226.7
监利县	1080.2	2649.9	2086.8	1227.0	1233.8
洪湖市	1171.1	2841.1	2506.3	1306.9	1282.2
宜昌市辖	1003.4	2172.0	2042.3	1344.1	1296.2
夷陵区	899.6	2160.7	2164.4	1297.4	1065.9
宜都市	1042.7	2333.8	2377.4	1217.5	1224.6
枝江市	784.2	2483.6	2133.6	1175.2	1021.9
当阳市	724.1	2676.6	2166.8	1284.9	971.6
远安县	814.9	1794.2	2450.4	1275.3	1520.2
兴山县	837.0	1896.3	2148.3	1043.6	785.7
秭归县	963.1	2304.5	2312.0	1409.0	1224.1
长阳县	868.5	2252.6	2242.9	1956.2	1241.9
五峰县	1261.7	1907.6	2193.7	1377.7	1210.6
襄樊市辖	906.5	1586.0	1948.7	1053.1	793.9
老河口市	1239.0	1697.6	1656.0	871.5	767.2

续表

	2005 年	2006 年	2007 年	2008 年	2009 年
襄阳区	1167.4	1850.4	1926.0	955.1	822.4
枣阳市	1493.2	1745.1	1860.6	922.8	715.5
宜城市	799.3	1910.5	2212.0	1131.7	972.2
南漳县	1009.1	1749.4	2103.6	990.4	692.4
谷城县	1296.6	2149.6	1798.0	859.0	964.9
保康县	1305.6	1717.2	1696.9	937.5	695.8
鄂州市	1175.6	3158.7	2953.9	1074.9	1262.2
荆门市辖	741.9	2711.2	2867.5	994.9	834.2
钟祥市	800.2	2195.8	3006.4	1232.2	894.8
京山县	997.7	2437.0	3543.9	1200.8	883.7
孝感市辖	1067.2	2087.6	2429.4	1560.5	888.0
大悟县	1191.1	2181.1	3025.7	1252.3	692.8
安陆市	906.4	2101.2	2356.3	1478.9	828.2
云梦县	973.8	2792.1	2054.9	1416.9	1047.5
应城市	945.1	2686.4	2266.5	1393.5	1066.5
汉川市	1071.0	2638.9	2436.5	1347.2	1117.7
黄冈市辖	1060.9	2469.6	2454.5	1115.2	1195.8
红安县	1216.6	1944.5	2458.5	1724.9	880.2
麻城市	1356.6	2105.2	2424.2	1429.9	1178.5
罗田县	1103.9	2092.2	2339.2	1445.6	1131.4
英山县	1022.5	2402.1	2809.6	1231.6	1240.1
浠水县	1135.3	2101.4	2588.7	1324.9	1395.8
蕲春县	1115.2	2037.9	2169.0	1136.6	1345.4
武穴市	1464.5	2533.0	1879.5	1234.3	1302.5
黄梅县	1276.8	2424.7	2158.0	1218.2	1285.0
咸安区	1162.9	3054.9	2713.8	1217.2	1528.8

续表

	2005 年	2006 年	2007 年	2008 年	2009 年
嘉鱼县	1149.9	2970.1	2596.2	1397.1	1475.5
赤壁市	1151.5	2791.4	2204.2	1592.9	1469.5
通城县	1447.7	2510.5	1952.6	1507.9	1373.1
崇阳县	1308.0	2870.7	2221.4	1318.9	1314.5
通山县	1275.2	2611.3	2217.5	1406.0	1353.1
随州市	1151.3	2189.1	2897.8	1057.8	953.6
广水市	1127.2	1934.4	2789.7	1212.7	671.5
恩施市	1274.1	1883.8	2485.8	1844.3	1219.5
建始县	1158.1	2806.4	2376.1	1809.7	1106.8
巴东县	1037.2	2109.9	2560.3	1242.3	886.4
利川市	1154.7	1635.0	2048.0	1461.0	1208.5
宣恩县	1249.3	2162.1	2208.3	1321.5	1088.5
咸丰县	1211.0	1832.2	2075.9	1271.2	1323.6
来凤县	1219.6	2101.5	2052.6	1245.7	956.9
鹤峰县	1346.2	2307.7	2593.4	1929.8	1654.4
仙桃市	1027.4	2243.9	2339.3	1108.2	1229.6
天门市	911.9	2541.6	1980.9	1231.8	955.8
潜江市	1011.1	2703.0	1719.8	1212.8	1163.0
神农架	1102.2	1523.0	1799.5	1003.8	737.9

数据来源：根据湖北省气象局数据整理。

附表 5　**2005—2009 年湖北各县（市、区）年平均日照总时数**　（单位：h）

	2005 年	2006 年	2007 年	2008 年	2009 年
武汉市辖	1829.7	1919.3	1934.2	1774.1	1790.9
蔡甸区	1801.2	1862.3	1655.8	1875.2	1680.6
江夏区	1620.7	1739.0	1612.2	1703.5	1748.9

续表

	2005 年	2006 年	2007 年	2008 年	2009 年
黄陂区	1869.8	1925.4	1877.2	1870.6	1693.1
新洲区	2024.5	2017.3	1982.9	1980.1	1884.5
黄石市辖	1516.0	1780.1	1616.1	1795.9	1706.3
大冶市	1558.5	1577.1	1485.4	1643.2	1516.6
阳新县	1551.0	1533.0	1488.6	1566.0	1584.3
十堰市辖	1921.7	2143.2	2011.6	2115.2	1883.9
丹江口市	1806.8	2001.2	1808.6	1822.9	1692.4
郧县	1835.2	2355.0	2141.3	2269.6	1894.4
郧西县	1719.5	2041.1	1997.2	2130.2	1866.2
竹山县	1537.2	1688.1	1714.8	1708.2	1376.2
竹溪县	1406.4	1680.9	1589.5	1559.5	1414.4
房县	1750.2	1936.6	1751.0	1778.0	1697.0
荆州市辖	1455.8	1407.6	1465.2	1528.2	1476.7
松滋县	1575.4	1571.6	1260.7	1402.3	1508.9
公安县	1472.7	1543.5	1461.1	1636.9	1559.3
石首市	1628.0	1649.8	1617.1	1803.4	1676.0
监利县	1631.9	1759.2	1548.2	1765.0	1592.8
洪湖市	1725.1	1853.2	1689.5	1857.4	1863.5
宜昌市辖	1305.8	1494.0	1139.4	1168.2	1152.1
夷陵区	1519.5	1629.8	1454.6	1470.8	1455.1
宜都市	1637.0	1724.3	1657.0	1560.8	1585.9
枝江市	1605.7	1711.1	1467.0	1360.5	1460.9
当阳市	1611.9	1502.6	1396.0	1492.8	1466.2
远安县	1755.3	1874.8	1644.1	1738.7	1537.7
兴山县	1435.5	1675.5	1390.6	1495.0	1491.7
秭归县	1482.6	1624.8	1463.7	1453.8	1472.7

续表

	2005 年	2006 年	2007 年	2008 年	2009 年
长阳县	1256.8	1358.8	1252.4	1155.1	1230.3
五峰县	1305.7	1512.1	1150.5	1258.2	1231.5
襄樊市辖	1819.2	1933.3	1766.2	1788.0	1687.0
老河口市	1393.5	1715.6	1563.4	1693.0	1514.5
襄阳区	1520.6	1684.6	1596.9	1660.4	1520.0
枣阳市	1575.9	1696.9	1610.3	1614.9	1575.3
宜城市	1614.0	1717.3	1553.2	1571.3	1501.2
南漳县	1545.3	1562.0	1691.5	1668.4	1433.4
谷城县	1474.3	1731.4	1566.0	1754.4	1575.4
保康县	1488.4	1660.9	1568.3	1599.6	1526.4
鄂州市	2010.6	2073.4	2152.8	2247.8	2086.2
荆门市辖	1508.4	1644.1	1630.2	1418.3	1281.0
钟祥市	1494.3	1737.4	1624.9	1708.2	1508.2
京山县	1820.4	1905.4	1916.5	1841.7	1762.1
孝感市辖	1659.0	1877.8	1866.0	1859.8	1771.7
大悟县	1899.4	1966.4	1873.9	1875.3	1821.8
安陆市	1784.7	2020.2	1965.1	1966.1	1755.1
云梦县	1776.2	1859.5	1904.2	1627.2	1516.0
应城市	1772.8	1825.2	1828.3	1759.4	1613.6
汉川市	1650.7	1767.5	1659.2	1670.6	1528.5
黄冈市辖	1968.2	2057.3	1866.7	1967.5	1905.8
红安县	1729.8	1873.7	1833.4	1981.8	1776.3
麻城市	2054.7	2105.5	2134.2	2176.9	2111.2
罗田县	1716.7	1691.1	1645.4	1707.2	1870.6
英山县	1853.8	2024.4	2053.5	2167.8	2037.4
浠水县	1910.6	1924.6	1859.9	1904.3	1819.3

续表

	2005 年	2006 年	2007 年	2008 年	2009 年
蕲春县	2033.0	2102.7	2069.7	2133.1	2011.3
武穴市	1788.5	1731.0	1951.5	1947.0	1870.4
黄梅县	1795.7	1833.8	1939.1	1933.7	1806.6
咸安区	1550.6	1540.4	1337.2	1624.4	1510.3
嘉鱼县	1902.5	1860.1	1715.7	1822.1	1781.4
赤壁市	1505.8	1644.1	1528.9	1583.1	1556.3
通城县	1635.8	1756.2	1631.3	1784.8	1817.5
崇阳县	1618.5	1668.5	1569.3	1784.0	1518.4
通山县	1751.2	1822.8	1744.5	1984.3	1677.1
随州市	1737.1	1908.0	1958.8	1988.4	1816.2
广水市	1878.3	1970.8	1854.9	1854.4	1725.9
恩施市	1160.2	1391.2	1139.8	1169.7	1228.7
建始县	1135.9	1487.6	1214.6	1324.8	1248.9
巴东县	1441.9	1506.8	1276.7	1317.2	1293.2
利川市	981.8	1327.5	1033.3	1222.2	1171.9
宣恩县	1029.5	1245.0	1049.6	1120.1	1122.6
咸丰县	934.9	1148.4	910.8	942.8	927.3
来凤县	1042.4	1386.3	1071.4	1095.5	1023.7
鹤峰县	1042.2	1336.8	996.0	1055.8	1034.0
仙桃市	1950.9	2101.4	2016.8	2016.0	1884.8
天门市	1655.6	1698.7	1449.4	1441.6	1422.2
潜江市	1610.5	1633.7	1620.6	1654.5	1569.7
神农架	1563.3	1806.0	1671.0	1746.3	1663.4

数据来源：根据湖北省气象局数据整理。

后　记

春有百花秋有月，夏有凉风冬有雪。可是在做研究的岁月中，这些通常都无暇顾及。农业天气风险管理金融创新这方面的研究我从2010年开始做起，当时的研究文献非常少。这块相对比较前沿、比较新，所以需要率先尝试的人付出多倍的心血。已经记不清有多少个日日夜夜，一篇篇地查阅文献，整理输入数据、一个个字地敲入书稿，家里晕黄的台灯应该是最好的见证，其间的苦乐，也只有自己能知道。最终完成时，看着完成的书稿，感慨万千。我要感谢的人太多太多。

我要感谢我的项目团队成员，他们是：李春生、鲁德银、郭兴旭、刘姣华、程静和杜震，正是大家的共同探讨，才使得各项研究不断持续推进和完善。

特别感谢我的授业恩师们：陶建平、张安录、易法海、雷海章、冯中朝、祁春节。没有他们的谆谆教诲，本书是不可能完成的。

感谢我的同学好友许为博士和纪龙博士，在研究方法和实证方面，给予了我很多悉心的帮助，包括模型数据的处理、研究结构思路上的问题，等等，没有与他们的探讨，我的工作是难以完成的，谢谢他们的耐心帮助与支持鼓励，我也会学习他们的务实与用功，不断积累，不断进步。

我要感谢我的家人。感谢父母的养育和教育，他们的理解、支持和帮助，是我学习和研究的重要动力。我也要特别感谢我的先生郭兴旭，一直包容我、理解我，书稿的格式、修改等，也是和他一起探讨完成的，没有他的支持，我应该走不到今天。谨以此书献给我的女儿郭筱雨，有了你，我的人生才完整！

湖北工程学院的同事们也对本书的写作给予了大力支持。胡金林教授、张辉副教授等提供了很好的意见，在此表示衷心的感谢。最后特别感谢武汉大学出版社的主编王雅红、林莉及其同仁们，为保证本书的高质量，他们付出了辛勤的劳动。

书稿最终完成，自己慢慢从一个懵懂的人，逐渐走入学术的殿堂，虽然辛苦，但已经深深地热爱它，其间的过程，如果没有爱我、关心我的人的帮助和支持，也就没有现在的我，感谢他们，我会继续努力。天道酬勤，吾将上下而求索。

由于笔者学识有限，对于本书的错漏之处，恳请指出。

曾小艳

2019年1月于春晖湖畔